Flipchart für Einsteiger

Von der strukturierten Planung Schritt für Schritt zur erfolgreichen Präsentation am Flipchart oder Whiteboard

Sophie Gerdes

Alle Ratschläge in diesem Buch wurden vom Autor und vom Verlag sorgfältig erwogen und geprüft. Eine Garantie kann dennoch nicht übernommen werden. Eine Haftung des Autors beziehungsweise des Verlags für jegliche Personen-, Sach- und Vermögensschäden ist daher ausgeschlossen.

Email: info@edition-lunerion.de
www.edition-lunerion.de

Psiana eCom UG
Berumer Str. 44
26844 Jemgum

INHALT

Der Star unter den Präsentationsmethoden

Flipcharts sind längst jedem bekannt, sie gehören zu den häufigsten und vertrautesten Präsentationsmedien und in vielen Menschen rufen sie eine ganz klare Assoziation hervor: Langweilige, dröge Vorträge, bei denen man gegen den Schlaf ankämpfen muss, gehalten von einem unsicheren, verkrampften Referenten, der augenscheinlich versucht, sich an den nichtssagenden Kritzeleien irgendwie festzuhalten. Zugegeben, dieses Bild kommt nicht von ungefähr, allerdings wird der Flipchart damit gründlich Unrecht getan! Nicht zuletzt aufgrund zahlreicher ernüchternder Erfahrungen wird diese Präsentationsmethode mittlerweile recht stiefmütterlich behandelt, sie ist die langweilige, einfallslose Variante von Rednern, die keine Lust haben, sich Mühe zu geben. Doch nur, weil die meisten Menschen sie schlecht verwenden, ist sie noch lange keine schlechte Option, ganz im Gegenteil: In letzter Zeit rückt sie wieder verstärkt in den Fokus von Fach- und Führungskräften, vom Personalmanagement oder von Trainern und Coaches jeglicher Art. Nachdem einige Jahre lang die Powerpoint-Präsentation als Nonplusultra der Visualisierungsmöglichkeiten galt, ebbt dieser Hype langsam wieder ab und dafür gibt es einige gute Gründe. Die PPP schien der Beweis für die eigene Technikvertrautheit und Fortschrittlichkeit, eine Präsentation mit den beliebten Bildschirmfolien zu unterlegen – gerne tief schöpfend aus dem Topf der vielfältigen Effekte – galt als unerlässlich, um einen kundigen, professionellen Eindruck zu erwecken. Nur leider ließen viele Redner sich dazu verleiten, die Präsentation mit unterschiedlichsten visuellen Effekten völlig zu überfrachten und dies zumeist zu Lasten des Inhalts. Das lenkt ab, ermüdet und zusätzlich: Der Blick auf den Bildschirm oder die Leinwand löst in nicht wenigen Zuschauern den Fernseheffekt aus. Sie schalten geistig in den Konsummodus und lassen alles, was sich ihnen präsentiert, mehr oder minder aufmerksam auf sie tröpfeln. Ganz anders wirkt die Flipchart: Richtig eingesetzt bietet sie eine unschlagbare Kombination aus Präsentation und Visualisierung und bindet den Zuschauer aktiv ins Geschehen ein. Also sehen wir uns einmal genauer, was die Flipchart so erfolgreich macht und welche Aspekte es sind, die einen so unmittelbaren Zugang zum Publikum ermöglichen.

Was erwartet Sie in diesem Buch?

Es steht außer Frage: Flipchart-Präsentationen können zum großen Reinfall werden und vor allem durch gähnende Langeweile im Gedächtnis bleiben. Aber wie lässt sich das vermeiden? Worauf kommt es im Detail an, durch welche Methoden, Techniken und Kniffe wird eine solche Präsentation zum Erfolg? Hier sind Sie zum Glück nicht auf Ihre Intuition, spannende Themen oder zeichnerisches Talent angewiesen. Vielmehr lassen sich einige Schlüsselaspekte genau definieren und auch von jedermann erlernen, der sich in die Materie genauer einarbeiten möchte. Dieses Buch bietet Ihnen nun eine gründliche und vor allem sofort leicht umsetzbare Einführung in die spannende Welt der Flipchartpräsentation. Finden Sie heraus, wie Sie zunächst die perfekten Rahmenbedingungen schaffen und sowohl sich als auch Ihre Präsentation dem Anlass präzise anpassen. Auch die genaue Planung und Gestaltung bringt Ihnen dieser Ratgeber näher und stellt konkrete Strategien zur Verfügung, anhand derer Sie Schritt für Schritt eine gelungene Präsentation entwickeln können. Und schließlich das große Schreckgespenst: Zeichnen und Gestalten. Erfahren Sie, wie diese vermeintliche Talentfrage auf simple

Techniken reduziert werden kann und mit welchen Tricks und Übungen Sie Ihre eigenen Fähigkeiten unmittelbar ausbauen und verfeinern können. Und auch auf inhaltlicher Ebene gibt es konkrete Hilfen: Verschiedene Diagramme, Grafiken und Darstellungstechniken erlauben Ihnen, effektstark und zielgerichtet zu visualisieren und Bilder zu kreieren, die Ihrem Publikum langfristig im Gedächtnis bleiben werden. Und schließlich kommt auch Ihr persönliches Auftreten nicht zu kurz. Nicht jeder Referent ist ein rhetorisches Naturtalent, aber das ist auch nicht nötig. Entdecken Sie einfache, aber verblüffend wirkungsvolle Strategien und Kniffe, mit denen Sie die Selbstsicherheit in Ihrem Auftreten steigern, Unsicherheit verlieren und Ihr Publikum mit positiver Ausstrahlungskraft begeistern können. Also starten Sie mit diesem Buch in eine Zukunft gelungener, mitreißender Präsentationen, die nachhaltig begeistern!

Präsentieren mit der Flipchart

Dass die Flipchart sich vor anderen Präsentationsmethoden keinesfalls verstecken muss, wissen Sie nun bereits. Aber worin genau besteht Ihre Stärke? Was sind die Mechanismen und Prinzipien, die dieser Methode zu solchem Erfolg verhelfen? Werfen wir nun zunächst einmal einen ersten Blick auf die grundlegenden Prinzipes und anschließend auf die Wirkweise der Flipchartpräsentation, um ein erstes Verständnis dafür zu entwickeln, was die unscheinbare Papiertafel eigentlich so erfolgreich macht.

UNTER DER LUPE: GRUNDLAGEN DES ERFOLGS

Ganz am Anfang steht das Prinzip der Transparenz. Dem Publikum muss stets verständlich sein, warum was gerade jetzt getan, gezeigt und gesagt wird, und mit einer Flipchart ist dies auch besonders leicht möglich. Zuhörer können wirklich Schritt halten mit der Entwicklung der Präsentation, da sie jeden Strich mitverfolgen, den der Referent auf dem Papier zeichnet. Sie hören Gesagtes, nehmen wahr, an welcher Stelle dann etwas vom Gesagten notiert oder farblich hervorgehoben wird, und werden dadurch ganz unmittelbar zum Miterleber. Ganz anders etwa bei der Powerpoint: Hier ist in der Regel alles vorbereitet und wird zum entsprechenden Zeitpunkt in den Fokus geholt. Flipcharts erlauben somit eine engere, unmittelbarere und auch aktivere Verbindung zwischen Sprecher und Publikum. Dies steht in engem Zusammenhang mit dem zweiten Schlüsselbegriff, der Kongruenz. Es sollte zu jedem Zeitpunkt Klarheit darüber herrschen, in welcher Verbindung das Gesagte zum Geschriebenen oder Gezeichneten steht, und auch das ist an der Flipchart wieder besonders leicht zu bewerkstelligen. Zum einen, weil Sie sehr kleinteilig vorgehen können: Einen Satz sprechen, ein Wort schreiben, ein Stichwort nennen und es sofort mit einer kleinen Zeichnung festhalten. Und natürlich haben Sie auch die Möglichkeit, sich den gegenteiligen Effekt zunutze zu machen: Setzen Sie Gesagtes und Geschriebenes oder Gezeichnetes in bewussten Kontrast zueinander. Ein Beispiel: Sie referieren über eine neuartige Diätmethode für Frauen über 50. Sprechen Sie eine Weile darüber, dass das Abnehmen in diesem Alter schwieriger wird, wiederholen Sie die gängigen Vorurteile und präsentieren Sie dann eine Grafik, die besagt: „60 Jahre alt und 15 Kilo weniger in ein paar Monaten – kinderleicht!“ Oder Sie zählen die allseits bekannten Vorzüge eines bestimmten technischen Geräts auf und zeigen irgendwann einen Chart mit traurigem Gesicht. Das Gezeigte steht dann im absoluten Widerspruch zum Gesagten und die Reaktion des Publikums ist: „Was? Aber ich dachte....?“, und dann haken Sie ein und erklären, warum all das Lob für dieses Gerät eigentlich gar nicht angebracht ist.

Und schließlich sollten die möglichen Effekte nicht unerwähnt bleiben, werden sie doch häufig als Privileg der PPP gesehen. Allerdings ist es mittlerweile fast zum Klischee geworden, bei PPP auch unwillkürlich an eine übermäßige Flut an aufwendigen Effekten zu denken, an einen Buchstabenregen, der aufs Gehirn des Publikums einprasselt, in Verbindung mit wechselnden Farben und pulsierender Schrift. Ganz klar: Bei computergestützten Präsentationen findet viel zu oft ein schierer Effekte-Overkill statt, der am Ende genau die gegenteilige Wirkung wie gewünscht hat: ein erschlagenes, überreiztes, unkonzentriertes Publikum. Am Flipchart ist diese Gefahr weitaus geringer, aber Effekte stehen trotzdem zur Verfügung. Ihre überraschende Wirkung ist zudem deutlich größer, da man sie auf einem Papierbogen kaum erwartet, auf Computerfolien hingegen schon. Und noch ein großes Plus gibt es: Der Effekt wird genauso verlaufen, wie Sie es wünschen, denn kein schlecht programmierter Computer kann Ihnen einen Strich durch die Rechnung machen, indem er die nächste Überschrift einmal eben zu früh ins Bild purzeln lässt.

Diese Elemente sind nun Schlüsselelemente des Erfolgs der Methode Flipchart – wie sie genau um- und einzusetzen sind, werden die folgenden Kapitel dieses Buches ausführlich aufzeigen.

DAS POTENTIAL DER METHODE

Die durchschlagende Wirkung der Flipchartpräsentation beruht im Wesentlichen auf der Art und Weise, in der das Publikum angesprochen wird. Und zwar geschieht dies auf vielfältige Art und Weise, vielfältiger, als die meisten anderen Methoden es ermöglichen. Zunächst besteht natürlich die Möglichkeit der direkten Ansprache. Denn wenn Sie mit Flipcharts arbeiten, werden Sie schließlich nie die Papierbögen allein sprechen lassen, sondern alles, was Sie zeigen, sprachlich moderieren. Die direkteste aller Anspracheformen ist also ohnehin mit abgedeckt, was vielleicht selbstverständlich erscheint, jedoch von enormer Wichtigkeit ist. Darüber hinaus erlaubt die Flipchart so ziemlich alles an Kombinationsmöglichkeiten. Auditiv und visuell, Bild und Wort, Bild und Geste, Bild und Klang - das Publikum wird über sämtliche zur Verfügung stehende Sinneskanäle erreicht. Sehen wir uns einmal im Detail an, was hier möglich ist und was es schließlich im Zuschauer und Zuhörer bewirkt.

Punkt Eins: die gelungene Kombination von Präsentation und Visualisierung. Doch was ist damit eigentlich gemeint? Nicht selten wird mit diesen Begriffen recht ziellos um sich geworfen, Hauptsache, es klingt professionell, aber tatsächlich sind damit zwei präzise, sich ergänzende Konzepte gemeint. Präsentieren ist zunächst einmal das reine Aufzeigen von Inhalten, ganz gleich, ob gesprochen, geschrieben, gesungen etc. Als Vortragender zeigen Sie Ihren Zuhörern etwas, vermitteln Informationen, decken Zusammenhänge auf etc. Visualisieren ist dann eine Möglichkeit, das Mitgeteilte verständlicher und einprägsamer zu machen, indem es grafisch dargestellt wird. Dadurch werden wichtige Informationen nicht nur genannt, sondern auch bildlich gezeigt, und mittlerweile stellen zahlreiche Studien eindeutig fest, dass so präsentiertes Wissen deutlich besser verarbeitet, erinnert und genutzt wird. Das hängt mit der Psychologie des Lernens zusammen und letztlich geht es bei Präsentationen schließlich immer um eine Form des Lernens. Zwar nicht immer so offensichtlich und direkt gelehrt und gelernt, wie etwa in der Schule, aber letztlich werden Informationen mitgeteilt oder erarbeitet – nichts anderes bedeutet schließlich Lernen. Und die Psychologie kennt zwei Formen des Lernens: Man spricht von der aussageartigen und von der analogen Repräsentation. Erstere speichert in sprachlichen Strukturen ab, zweitere in bildlichen – und beide profitieren extrem vom Einsatz gelungener Visualisierung. Denn wir merken uns Worte und Texte keinesfalls als fortlaufende Textblöcke, sondern vielmehr in Form weitverzweigter Netze. Ein Begriff ist mit anderen Begriffen vernetzt, die wiederum in direkter Verbindung zu damit assoziierten Konzepten stehen. Auf diese Weise lagern in unserem Gehirn umfangreiche Wissensnetze, an denen wir uns bei Bedarf bedienen. Das tun wir jedes Mal, wenn wir irgendeine Aussage treffen: Wir greifen auf die unterschiedlichen Punkte in diesem Netz zurück und formulieren daraus Erklärungen, Bemerkungen, Aufsätze, Witze, Antworten und alles, was wir sonst noch so äußern. Weshalb sich eine Flipchart mit diesem Umstand wunderbar ergänzt, ist offensichtlich: Hier haben Sie die Möglichkeit, diese Begriffsnetze direkt auf Papier zu bannen und Information somit in äußerst hirnfreundlicher Art und Weise zu vermitteln. Wie die analoge Repräsentation vom Flipchart ergänzt werden kann, bedarf ebenfalls kaum einer Erläuterung. Hierbei merken wir uns Dinge über abgespeicherte Bilder, nehmen wir einmal als Beispiel eine Turnübung. Wenn Sie das Radschlagen speichern und erinnern, tun Sie dies nicht mit beschreibenden Worten, sondern Ihr Gehirn legt für Sie ein Archiv aus schnell aufeinanderfolgenden Bildern an. Bilder zeigen – und damit dem Hirn direkt verfüttern – ist ebenfalls eine Spezialität der Flipchart. Indem Sie nun einen Vortrag halten, dabei konkret die von Ihnen gewählten Inhalte präsentieren und diese dann ergänzen durch eingängige Visualisierung, verschaffen Sie sich quasi direkten Zugang zu den mentalen Abspeichermechanismen Ihrer Zuhörerschaft.

Punkt zwei: Sie können Ihr Publikum mitnehmen. Die Zuhörerschaft kann ganz unmittelbar eingebunden werden ins Vortragsgeschehen, indem Ihnen zu jedem Zeitpunkt die Interaktion offensteht. Das Zentrum des Vortrags sind schließlich immer noch Sie und Sie stehen direkt vor Ihren Zuhörern, nicht verschanzt hinter einem Monitor und auch nicht auf eine bestimmte Stelle festgelegt. Bewegen Sie sich frei im Raum, gehen Sie auf einzelne Zuhörer zu, nehmen Sie Abstand, wenn Ihnen Übersicht geboten scheint und sprechen Sie nicht nur zu, sondern mit Ihrem Publikum. Und hier bietet die Flipchart einen unschlagbaren Vorteil gegenüber anderen Präsentationsmethoden: Sie können ohne Umwege Beiträge aus dem Publikum aufnehmen. Sie hören ein Wort – zack, schreiben Sie es rasch aufs Papier. Zwar bieten auch PPP die Möglichkeit, etwas hinzuzufügen oder Anregungen aufzunehmen, aber nicht selten müssen Sie zuerst in einen Bearbeitungsmodus wechseln, ein falscher Klick in der Aufregung des Vortrags schafft schnell unangenehme Probleme, eventuell streikt ein Programm oder der Rechner hängt und sobald Menschen Text tippen, schaltet sich oft automatisch eine gewisse „Verarbeitungsschwelle" dazwischen: Man überlegt, wie man das jetzt am besten kurz und schnell, aber zutreffend sagen kann. Das zerstört nicht selten den Spannungsbogen des Vortragsaufbaus und kann zu Momenten peinlicher Stille führen, die viele Vortragende stark verunsichern. Zettel und Stift hemmen hier weitaus weniger. Ein Satzfetzen, der aufgeschnappt wird, wird ohne Zögern und Bearbeitung so niedergeschrieben – es ist ja nur eine rasche, handschriftliche Notiz. Ebenso schnell und souverän ist ein Inhalt mit einer schwungvollen Bewegung und einer dicken Linie einmal rasch herausgestrichen: Beides verleiht einem Vortrag mitreißende Dynamik. Als Vortragender haben Sie die Möglichkeit, Ihre Gestik und Ihre Bewegungen gewissermaßen durch den Stift verlängert direkt aufs Papier zu bringen – wirkungsvoller geht es nicht. Zusätzlich fesselt es die Aufmerksamkeit Ihrer Zuhörer, wenn sie ihre eigenen Beiträge ungefiltert zum Teil der Präsentation geworden vor sich sehen, in physikalischer Realität auf Papier gebannt. Und selbstverständlich bleibt das Publikum auch eher am Ball, wenn es gefragt wird, eigene Überlegungen anstellen soll und gebeten wird, sich zu äußern. Ganz nebenbei werden aus Zuschauern so Mitwirkende und wer sich als Mitwirkender fühlt, der verabschiedet sich nicht so leicht geistig aus einer Veranstaltung.

Und schließlich Punkt drei: Egal, welche schlussendliche Absicht hinter Ihrer Präsentation steht, die Flipchart kann so eingesetzt werden, dass Sie sie genau dabei unterstützt. Sie wollen Käufer überzeugen, Kunden werben, Trainees aus der Reserve locken, zögerliches Personal zu einem neuen Ansatz motivieren, eigentlich trockenes Wissen nachhaltig in die Köpfe der Zuhörer bringen, Interesse wecken, aufrütteln oder einfach unterhalten? Die unterschiedlichsten Techniken und Einsatzintensitäten der Flipchart ergänzen Ihre Bemühungen perfekt und schließen elegant die kleinen Lücken der Eintönigkeit, Unsicherheit, Übergänge und Verständnisschwierigkeiten.

Punkt vier: Flipcharts bieten exzellente Möglichkeiten der Flexibilität. Der Vortrag ist nicht in Stein gemeißelt, er lässt sich zu jedem Zeitpunkt an jeder Stelle beliebig abändern. So können Vortragende die Präsentation bereits im Voraus sehr locker und entfaltungsoffen konzipieren und etwa nur bedeutende Eckpunkte festlegen, allerdings ist es genauso möglich, sich zwar präzise vorzubereiten, dann aber währenddessen spontane Ergänzungen und Veränderungen zuzulassen. Hier ist jede Abstufung an Flexibilität möglich, was auch Präsentationsneulingen und unsicheren Rednern sehr gelegen kommt. Die Freiheit im Vortrag bestimmen Sie selbst, und zwar fassen Sie die Grenzen genau so eng oder weit, wie Sie sich wohlfühlen. Wer nervös ist beim Sprechen vor Publikum und Angst vor Blackouts oder Patzern hat, der kann seinen Vortrag absolut präzise planen und hat dann immer noch die Option, spontan Modifikationen zuzulassen, wenn er im Verlauf des Vortrags an Sicherheit gewinnt. Und wenn ihn dann plötzlich etwas Unerwartetes aus dem Konzept bringt, greift er einfach wieder zurück auf die vorbereitete Struktur. Wer sich sicherer fühlt, der kann gleich zu Beginn mit größeren Freiräumen arbeiten und nicht wenige erfahrene Redner berichten davon, weitaus stärker inspirierte und spannendere Präsentationen abzuhalten, wenn sie sich nicht vorab in ein Konzept zwängen müssen. Da alle Flexibilitätsniveaus möglich sind, kann man sich auch Stück für Stück an freiere und womöglich sogar ergebnisoffenere Konzepte herantasten, und die meisten Menschen machen rasch die Erfahrung zunehmender Sicherheit.

Dies führt zum letzten Punkt, der auf den ersten Blick nicht viel mit dem Publikum zu tun zu haben scheint: Sicherheit in der Handhabung des Präsentationsmediums. Zahlreiche Redner, die beruflich gezwungen sind, Präsentationen abzuhalten, sind nicht unbedingt Rednertypen und zudem nicht unbedingt gut vertraut mit sämtlichen IT-Anforderungen, die etwa PP-gestützte Präsentationen stellen. Eine solche zu entwerfen, gelingt heute zwar den Allermeisten und auch mit Bildern, Effekten und Diagrammen kommen Präsentierende in der Regel zurecht - was bleibt, ist jedoch bei einer überwältigend großen Zahl die Angst vor unvorhergesehenen Zwischenfällen, die eventuell auch noch die persönlichen IT-Problemlösungskompetenzen übersteigen. Denn auch, wenn alles sauber vorbereitet wurde und Zwischenfälle nicht sehr wahrscheinlich sind, nehmen doch viele Menschen den PC als eine zwischengeschaltete und nur bedingt kontrollierbare Einheit wahr. Zwischen ihnen und ihrer reibungslosen Präsentation steht also ein Gerät, von dessen reibungsloser Funktion sie abhängig sind und welches sie jedoch in vielen Fällen nicht vollständig begreifen. Das ist auch nicht weiter verwunderlich, denn schließlich handelt es sich bei PCs um ziemlich komplexe Geräte und auch, wenn man alle Programme und Funktionen daran, die einem die alltägliche Arbeit abverlangt, beherrscht, heißt das noch lange nicht, dass man die dahinterstehenden Zusammenhänge kennt und versteht. Tritt dann ein Problem auf, benötigt man nicht selten Hilfe und genau diese Furcht tragen viele Redner mit ihrer PPP auf die Bühne. Zu verunsichernd ist die Vorstellung, dass man an irgendeinem Punkt hilflos hängenbleiben könnte oder es gar zu peinlichen Zwischenfällen kommt. In diesem Zusammenhang erinnere ich mich an Präsentationen aus dem universitären Umfeld, bei denen unbeabsichtigt etwa eine Ordnerübersicht aufploppte, deren Dateien alberne Benennungen trugen, oder ein Fenster mit einem privaten Foto, das der Redner eigentlich geschlossen wähnte – hektisches Klicken und schamgerötete Gesichter inklusive. Was macht nun diese potenzielle Gefahrenquelle mit dem Redner? In erster Linie verunsichert sie. Das bleibt dem Publikum natürlich nicht verborgen und kaum etwas ist unangenehmer als eine Präsentation, während derer die Angst des Präsentierenden fortwährend greifbar ist. Flipcharts schenken hier effektive Beruhigung. Es handelt sich um ein für jedermann leicht zu beherrschendes Medium, von dem keine größeren Zwischenfälle oder ungeplante Aktionen zu erwarten sind als eventuell ein leerer Stift. Durch den Einsatz dieses Mediums reduziert man also nicht in erster Linie die (tatsächlich nicht sehr wahrscheinliche) Gefahr technischer Zwischenfälle, sondern ermöglicht dem Publikum vor allem, entspannt und aufs Thema fokussiert den Ausführungen zu folgen.

Und schließlich: Mit der Kombination aus Ihnen als Redner und der Flipchart als Begleiter können Sie Ihrem Publikum eine Geschichte erzählen. Stichwort Storytelling: Ganz gleich, ob Sie nun vom Recyclingkonzept Ihrer Firma erzählen, einen neuen Pädagogikansatz darlegen oder die aktuelle Verbrechensstatistik Ihres Stadtviertels referieren – erzählen Sie eine Geschichte. Ihr Publikum wird ihr folgen, wie jeder gerne einer guten Geschichte folgt, und so, wie Bücher gerne mit Illustrationen punkten, so tun Sie es ergänzend mit Ihrer Flipchart. Übrigens: Sich für die Flipchart entscheiden heißt nicht zwingend, sich *gegen* etwas anderes zu entscheiden. Ganz im Gegenteil funktioniert das analoge Papiertool auch hervorragend in Ergänzung mit anderen Präsentationsmethoden, wie etwa einer PPP. Hier kann es vor allem punkten, wenn einzelne Grafiken oder Punkte dauerhaft präsent bleiben sollen, während der Rest der Präsentation weiterläuft. Studien zeigen außerdem, dass das Zuschauerauge nach langem Starren auf Computerbildschirme die Optik einer beschrifteten Papierfläche als geradezu wohltuend erlebt.

VENN-DIAGRAMM, VERGLEICHSTABELLE, CONCEPT MAP: TECHNIKEN IM ÜBERBLICK

Wie bereits angesprochen wurde, bietet die Flipchart – obwohl sie zunächst nicht mehr als ein wenig Papier ist – eine Vielzahl an Techniken, und mit Auswahl der passenden Variante steht und fällt der Erfolg Ihrer Präsentation. Mit Technik ist hier die Auswahl einzelner Mittel gemeint, die bestimmte Sachverhalte und Zusammenhänge darstellen soll, und im Laufe einer Präsentation können durchaus unterschiedliche Mittel zum Einsatz kommen. Je nachdem, ob Sie etwa zunächst lose Ideen sammeln wollen, erarbeitete Informationen logisch sortieren, zeitliche Abläufe oder komplexe Ursache-Wirkung-Zusammenhänge darstellen, bieten sich ganz verschiedene und teils recht spezifische grafische Optionen an. In diesem Kapitel werde ich Ihnen einen kurzen Überblick über die verschiedenen Techniken verschaffen, sodass Sie schon einmal wissen, was Ihnen an Mitteln zur Verfügung steht und welche Präsentationsprobleme damit gelöst werden können. Im weiteren Verlauf des Buches wird dann auf die einzelnen Möglichkeiten vertieft eingegangen und Sie erhalten konkrete Anleitungen, mit denen Sie jede einzelne Technik selbst anwenden können.

Die Vielzahl der Techniken lässt sich am besten nach Absicht sortiert darstellen. Die erste Frage muss also lauten: Was genau möchte ich mit einer Grafik erreichen? Die zweite Frage zielt dann darauf ab, aus dem entsprechenden Bereich das optimale Tool zu wählen. Beginnen wir mit dem vielleicht häufigsten Bereich, den viele Menschen auch zuallererst mit Flipcharts in Verbindung bringen: das Sammeln von Ideen. Für diese Assoziation gibt es tatsächlich gute Gründe, denn hierfür eignen sich die flexiblen Papierbögen ganz hervorragend – denken Sie an die bereits erwähnten Möglichkeiten der spontanen Gestaltung, der Teilnehmereinbeziehung etc. Zunächst spielt es keine Rolle, ob Sie tatsächlich ganz ergebnisoffen den Input Ihrer Teilnehmer sammeln und festhalten oder in Form eines Dialoges mit sich selbst Schritt für Schritt die einzelnen Punkte für die Zuhörer nachvollziehbar sammeln möchten. In jedem Fall benötigen Sie eine Technik mit möglichst offener Form, die beliebig erweiterbar ist und nicht verlangt, die Einzelaspekte sofort in Beziehung zueinander zu setzen. Das Mittel der Wahl schlechthin ist hierfür der sogenannte Cluster, gleichzeitig eine der simpelsten Darstellungsformen und vielen Menschen bereits vertraut. Thema in die Mitte, auftauchende Begriffe rundum gesetzt, einige Verbindungslinien – fertig ist der Cluster. Ebenfalls möglich und noch loser organisiert ist die Wortwolke oder Word Cloud. Hier werden Begriffe völlig ungeordnet und frei assoziativ zu Papier gebracht, Winkel, Schriftgröße und Schriftrichtung spielen keine Rolle und am Ende sieht das Gebilde tatsächlich wie eine Wolke aus. Ein bisschen gezielter geht die W-Fragen-Uhr vor: Hier werden ebenfalls Ideen gesammelt, die jedoch schon mit konkreten Fragestellungen beschafft werden.

Schon etwas strukturierter muss man vorgehen, wenn Dinge oder Ideen geordnet und sortiert werden sollen. Hierfür empfiehlt sich der Wortstern, auch Word Web genannt, dessen Aufbau einem Cluster ähnelt, jedoch bereits verstärkt Zusammenhänge und Zuschreibungen mit einbringt. Eine ähnliche Funktion erfüllen Mind-Map und Baumdiagramm, die wohl den meisten aus Schulzeit, Studium und Vorträgen bekannt sind. Beide sind recht offene Formen, die auch spontane Ergänzungen noch zulassen, jedoch muss bereits strukturierter vorgegangen werden.

Eine andere Absicht, die viele Redner verfolgen, ist der Vergleich von Themen, Ereignissen oder Abläufen. Hier geht es ums direkte und zeitgleiche Gegenüberstellen, in der Regel mit dem Ziel, Gemeinsamkeiten herauszuarbeiten oder Vor- und Nachteile, manchmal auch einfach nur Unterschiede, sichtbar zu machen. Versuchen Sie dies mit einem Venn-Diagramm, das aus mehreren sich überlappenden Kreisen besteht, oder mit einer schlichten Vergleichstabelle. Aber Achtung: Was so einfach klingt, ist zwar auch tatsächlich nicht kompliziert, bedarf aber sinnvoller Vorüberlegungen. Ansonsten droht Verhedderung und die eigentliche Zielrichtung geht leicht verloren.

Wer Vor- und Nachteile nicht im Vergleich, sondern auf einen Sachverhalt bezogen ausführen will, der greift am besten zur PMI-Tabelle. Sie steht für Plus-Minus-Interessant und erlaubt also einen kreativeren und anregenderen Blick auf die Angelegenheit. Denn wie hinreichend bekannt ist, sind die wenigsten Dinge schwarz und weiß und zu manch einem Punkt fällt einem eine Beobachtung oder Frage ein, von der man zunächst gar nicht weiß, ob sie nun eigentlich gut oder schlecht ist. Nicht selten können aber genau diese letztlich den entscheidenden Unterschied machen – sie sind also definitiv interessant.

Gerade im Bereich von Vorträgen, die sich mit firmeninternen Vorgängen beschäftigen, ist es von Bedeutung, Abläufe zu beschreiben. Diese Notwendigkeit wird häufig unterschätzt, da die Zuständigen aufgrund ihrer Erfahrung viele Dinge als selbstverständlich voraussetzen oder zumindest für selbsterklärend halten – Unverständnis und Frustration sind groß, wenn dann das Gegenteil offenbart wird. Eine saubere und lückenlose Dokumentation sämtlicher Zwischenschritte sorgt für Sicherheit und hierbei hilft ein Flussdiagramm. Wie die Bezeichnung schon nahelegt, werden hier in fließender Form die einzelnen Schritte aneinandergereiht und notwendige Entscheidungen mit Gabelungen eingeleitet. Auch hierfür ist ein gründlicher Entwurf sinnvoll und somit bietet sich diese Technik vornehmlich für eine reine Präsentation an, bei der der gesamte Inhalt vorab klar ist.

Ein Sequenzdiagramm hilft nun bei einer recht spezifischen Absicht, nämlich wenn Sie Aufgaben, Tätigkeiten oder Ähnliches sowohl einteilen als auf zeitlich ordnen möchten. Optisch ist es keine große Herausforderung, es setzt sich zusammen aus Kästchen, die durch Pfeile miteinander verbunden werden.

Eine der kompliziertesten und gleichzeitig häufigsten Aufgaben ist es, grafisch Zusammenhänge darzustellen. Denn schließlich geht es bei den meisten Vorträgen früher oder später um Zusammenhänge, die erläutert werden sollen – simple Informationsaufzählungen könnte man auch in einer Rundmail erledigen. Genau das fällt zu Beginn jedoch vielen Vortragenden schwer, sie können sich nicht vorstellen, wie ein „weil“ oder „infolgedessen“ visualisiert werden sollte. Dafür sind erneut gründliche Überlegungen nötig und zunächst muss man sich selbst darüber Klarheit verschaffen, wie genau der Zusammenhang denn wirklich aussieht, den man darstellen möchte. Geht es um Ursache-Wirkungs-Mechanismen? Dann ist die entscheidende Frage, wie komplex diese sind. Ein linearer, einfacher Zusammenhang wird mit einer Ursachenkette gut abgebildet, sie reiht logisch und klar die einzelnen Folgen und das abschließende Resultat aneinander. Nicht selten sind die Dinge allerdings komplexer und verlangen dann auch nach einer ausgetüftelten Darstellungsstrategie: Voilà, das Fischgrätendiagramm. Es sieht genauso aus, wie es heißt, und bietet unbegrenzte Möglichkeiten der Einflussdarstellung. Ein weiterer Pluspunkt: Das Endergebnis verdeutlicht optisch enorm die dargestellte Wirkbeziehung und lässt Missverständnisse kaum zu. Wenn es nicht um direkte Ursache-Wirkung-Zusammenhänge geht, sondern abstraktere, aber große

Zusammenhänge visualisiert werden sollen, hilft die sogenannte Concept Map. Auf den ersten Blick ist sie einer Mind-Map nicht unähnlich, beschriftete Pfeile, die die einzelnen Punkte miteinander verbinden, decken jedoch zusätzlich Zusammenhänge auf. Und bei ganz komplexen Angelegenheiten hilft manchmal nur noch: Einzelne Techniken verwenden und diese anschließend in Zusammenhang bringen. Das ergibt am Ende ein üppig gefülltes Blatt Papier und verlangt nach ausführlichen Erläuterungen.

Zuletzt noch zwei recht spezifische, dafür aber auch einfache Techniken: Das Kreislaufdiagramm stellt genau das dar, was es bezeichnet, nämlich immer wiederkehrende Abfolgen. Sich wiederholende Zirkel – gerade unerwünschte – können so eindrücklich vor Augen geführt werden und visualisieren beeindruckend die Ausweglosigkeit. Gerade, wer ein solches Diagramm nutzt, um unerwünschte Kreisläufe zu vermeiden, kann hier effektiv und machtvoll seine Zuhörerschaft beeindrucken. Die Zeitleiste hingegen kennt vermutlich jeder aus dem Geschichtsunterricht und sie wird verwendet, um klar zu zeigen, was wann stattgefunden hat. Sie ist oft nützliches Hintergrundmittel, das während der gesamten Präsentation hängen bleibt, um dem Publikum jederzeit eine Einordnung der neuesten Informationen zu ermöglichen.

Sie sehen, es gibt kaum etwas, was sich nicht in Diagrammen, Tabellen oder Karten darstellen ließe, und mit ein wenig Übung lassen sich alle Techniken leicht und auf jede Situation gemünzt einsetzen. Die größte Herausforderung ist zu Beginn tatsächlich die Organisation des Platzes auf dem Blatt Papier. Vermutlich werden Sie einige Entwürfe zusammengeknüllt in den Papierkorb feuern, weil Ihnen bei der Hälfte klar wird, dass keinesfalls mehr alles aufs Blatt passt, was noch drauf soll. Lassen Sie sich nicht entmutigen: Die Fähigkeit, Dimensionen korrekt einzuschätzen, erwirbt das menschliche Hirn recht schnell – nicht anders haben Sie schließlich das Einparken oder Champignons vierteln gelernt.

1x1 der gelungenen Visualisierung

Einen groben Überblick über Möglichkeiten und Techniken haben Sie nun bereits gewonnen und vermutlich ist Ihnen aufgefallen, dass dabei stets von grafischen Darstellungen die Rede war. Möglicherweise fanden Sie das überraschend, denn nicht wenige Flipchartpräsentationen kommen völlig ohne Visualisierungen aus – leider! Viele Redner nutzen sie zu nichts anderem, als darauf Text zu schreiben. Das kann völlig angemessen sein und nicht selten ist es absolut empfehlenswert, etwa einfach eine kurze Liste aus Stichpunkten zu notieren, dies allein verfehlt allerdings völlig die Möglichkeiten des Mediums Flipchart. Eine erfolgreiche, dem Verständnis zuträgliche und nicht zuletzt mitreißende Präsentation steht und fällt mit dem gekonnten Einsatz von Visualisierungen. Sich für Diagramme und Tabellen zu entscheiden, ist also schon einmal der erste Schritt, allerdings ist das Schlüsselwort „gekonnt". Schiefe, zu kleine, verworrene, und überfrachtete Darstellungen sind keineswegs hilfreich, ganz im Gegenteil können sie erheblichen Schaden anrichten und würden manchmal wirklich besser durch bloßen Text ersetzt, allerdings ist niemand zu krakeliger Performance am Flipchart verdammt. All die Techniken und Methoden lassen sich erlernen und grundlegendes Wissen hilft dabei, Fehler zu vermeiden und unter günstigen Bedingungen zu starten. Worauf es im Detail ankommt, erläutern Ihnen die folgenden Kapitel.

DAS RICHTIGE EQUIPMENT – BASIS DES ERFOLGS

Wie fast jede Unternehmung ist auch Ihre Flipchartpräsentation in erheblichem Maße von Ihrer Ausrüstung abhängig. Klingt langweilig und selbstverständlich, wird aber nicht selten vernachlässigt und so mancher Vortragender denkt, „Hauptsache, Papier und Stift, dann läuft das schon." Ganz so einfach ist es jedoch nicht. Jeder, der ein Hobby verfolgt – etwa schwimmt, Geige spielt oder malt –, weiß, dass die eigenen Bemühungen und Fähigkeiten zwar wichtig sind, aber längst nicht alles ausmachen. Man braucht eine Schwimmbrille, die zuverlässig wasserdicht ist, ein hochwertiges Instrument, um einen satten Klang zu erzeugen und eine anständige Leinwand, auf der nicht alles verschmiert. Mit Flipchartpräsentationen ist es nicht anders. Sicher können Sie mit einem halbleeren Stift etwas auf eine wackelige Wand kritzeln, die Sie nebenher mit einer Hand festhalten müssen, eine souveräne Präsentation sieht jedoch anders aus. Wenn diese nun gelingen soll, muss auch das Material stimmen. Die gute Nachricht: Flipchart-Ausstattung ist – anders als beispielsweise die für eine PPP benötigte Technik – nicht besonders teuer. Und auch, wenn Sie gerne aus dem Vollen schöpfen und vielfältige Tools zur Verfügung haben, ist der Ausrüstungsumfang begrenzt, was ebenso für die Kosten gilt. Also überlegen Sie, wie breitgefächert Sie ausgestattet sein möchten, was Sie wirklich brauchen und bei welchen Gegenständen Sie eventuell bereit sind, für hochwertigere Varianten auch etwas tiefer in die Tasche zu greifen. Beginnen wir mit dem Kern aller Flipchartpräsentationen: die Flipchart selbst. Mittlerweile gibt es tausende Modelle auf dem Markt, die von supersimpel bis hochgradig anpassungsfähig alles abdecken. Was Sie brauchen, hängt unter anderem auch von Ihren Voraussetzungen ab, ein paar Grundregeln gibt es aber schon. Punkt eins: Sorgen Sie für eine stabile Flipchart. Das sollte selbstverständlich sein, ist es aber nicht, leider wird man nicht selten mit einem alten, wackeligen Exemplar konfrontiert, dass der Hausmeister irgendwo aus dem Keller gezerrt hat, indem es gelagert war, seit es einmal versehentlich die Treppe hinuntergepurzelt ist. Das eine Bein ist nicht mehr stabil verankert und somit wackelt die ganze Struktur, sobald Sie versuchen, mit dem Stift Druck darauf auszuüben. Auch sehr billige Exemplare fallen mitunter durch unsicheren Stand auf und ruinieren eine Präsentation, indem sie mittendrin umkippen. Und auch, wenn Sie ständig eine Hand verwenden müssen, um das Ding aufrecht zu halten, büßt ihre Präsentation einiges an Professionalität ein – ganz abgesehen davon, dass Sie sich unsicher fühlen. Gerade dreibeinige Varianten sind – wenn sie schlecht gefertigt sind – anfällig für Instabilität, dafür aber praktisch zu verstauen. Wenn Sie auf ein dreibeiniges Modell zurückgreifen möchten, prüfen Sie es gründlich auf seine Standfestigkeit. Stabilität ist vielleicht der wichtigste Punkt, aber es gibt noch ein paar Aspekte, die sie nicht außen vor lassen sollten. An diesem Punkt sollte noch einmal etwas eine grundsätzliche Rolle spielen: In welchem Umfang und mit welcher Wichtigkeit gedenken Sie, die Flipchart zu nutzen? Wenn Ihnen nur ausnahmsweise einmal eine Präsentation bevorsteht und Sie möchten jetzt ein wenig querlesen, um ein paar nützliche Tipps zu sammeln, dann wird sich Ihre Bereitschaft, selbst Equipment zu beschaffen – und womöglich noch hochwertiges! – verständlicherweise in Grenzen halten, dann können Sie diesen Abschnitt auch getrost überspringen. Für die Präsentation des Jahresbudgets in Ihrer Fußballabteilung wird es auch ein wackeliges Gestell tun und Hauptsache, der Stift schreibt. Für alle anderen Präsentierer aber gilt: Sie sind nur so gut, wie Ihre Ausrüstung es auch zulässt. Und gerade, wenn Sie häufig und in hochprofessionellem Umfeld präsentieren, steht und fällt Ihr Erfolg mit dem Gesamteindruck, den Sie hinterlassen, und um diesen positiv zu gestalten, kann es sich durchaus lohnen, etwas tiefer in die Tasche zu greifen. Zur Vorstandssitzung kommen Sie vermutlich auch nicht mit durchgescheuerten Ellenbogen am Hemd. Überlegen Sie also gründlich, ob die Anschaffung einer hochwertigen und für Sie persönlich perfekt geeigneten Flipchart empfehlenswert ist und falls Sie sich dazu entscheiden, achten Sie neben der Stabilität unbedingt noch auf ein paar weitere Kriterien. Erstens: die Höhe der Flipchart. Kleine Frauen und große Männer stehen hier nicht selten vor Problemen, aber auch, wenn Sie in Ihrer Größe recht durchschnittlich sind, können einzelne Modelle unpassend sein. Das Problem bei Flipcharts ist nämlich, dass Sie einen recht weiten Bereich gut und bequem erreichen können müssen. Es reicht nicht, wenn Sie irgendwo auf der Flipchart schreiben können, denn Sie sollen ja nicht nur eine Zeile verfassen. Abhängig vom Modell ist die zu beschreibende Fläche bis zu einem Meter groß – völlig klar, dass da für jeden individuellen Präsentierer nicht gerade viel Spielraum bleibt. Für eine souveräne Präsentation darf die Flipcharthöhe also nicht nur „ok“, sondern eigentlich tatsächlich perfekt eingestellt sein. Denn ohnehin müssen Sie sich für die unterste Zeile ein wenig nach unten neigen und um den oberen Rand zu beschriften, brauchen Sie Ihren ausgestreckten Arm – wer aber fortwährend in gekrümmter Haltung oder halb hüpfend vor Streckversuchen schreibt, der kann kaum mehr eine professionelle Präsentation abliefern. Für dieses Problem ideal: höhenverstellbare Flipcharts. Damit können Sie exakt die Höhe einstellen, die für Sie perfekt ist, und bei Bedarf kann sogar der hochgewachsene Büronachbar einmal kurz damit arbeiten. Je nachdem, wie leicht sie sich verstellen lässt, können Sie sogar während Ihrer Präsentation die Höhe verändern, wenn Sie einmal besonders ausführlich und im Detail an einer Stelle arbeiten müssen. Sollten Sie diese Möglichkeit zu nutzen beabsichtigen, empfiehlt sich ein Modell mit lediglich einem Standbein, das per Drehgriff die Höhe anpassen lässt. Weniger geeignet sind solche mit zwei bügelförmigen Beinen, hier ist mehr Justierungsarbeit nötig, was einer laufenden

Präsentation einiges an Dynamik nähme. Für die Auswahl der Höhe entscheidend: Denken Sie daran, dass Sie nicht nur bequem schreiben können müssen, sondern auch umblättern! Erfolglose Blätterversuche mit Hüpfeinlage wirken nicht sonderlich professionell und verunsichern Sie als Vortragenden. Je nach gewählter Vorgehensweise können Sie dieses Problem jedoch auch mit perforierten Blättern lösen, die Sie nach der Beschriftung einfach herunterreißen. Zweitens: Achten Sie darauf, genügend Ablagemöglichkeiten für die von Ihnen verwendeten Materialien zur Verfügung zu haben. Wenn Sie farbenfrohe Grafiken erstellen wollen, sollten auch all Ihre Stifte sicher zwischengelagert werden können, ebenso wie Lineale und das, was Sie sonst noch verwenden. Drittens: Die Präsentation findet beim Kunden statt, viel Ausrüstung ist nicht vorhanden und eigentlich auch kein Platz? Dann könnte eine Tischflipchart die Lösung sein – funktioniert wie die große, ist aber deutlich kleiner und lässt sich auf einem Tisch aufstellen. Wenn Sie etwa in einer Konferenzsituation arbeiten und sich um einen großen Tisch versammelt haben, ist das eine gute Option, um nicht auf die Präsentationsmöglichkeiten verzichten zu müssen. Und ganz zuletzt: Wenn Sie wirklich so richtig durchstarten möchten mit der Flipchart, denken Sie über ein Modell mit Rollen nach. Das Nonplusultra der flexiblen und souveränen Flipchartpräsentation, wo Sie das Präsentationsmedium nach Belieben hin- und herschieben, drehen oder mit einem Stoß in die Ecke befördern können – ganz, wie es gerade passend ist.

Selbstverständlich ist das Flipchartgestell nicht alles. Auch wenn Sie kein umfangreiches Equipment benötigen, gibt es natürlich ein paar Dinge, die unverzichtbar sind. An zweiter Stelle steht wohl das Papier, das leider nicht selten vernachlässigt wird – Papier ist Papier, was kann da schon schiefgehen? Papier ist aber eben nicht Papier. Zunächst einmal ist das richtige Papier eine Frage der Qualität. Sie sollten auf jeden Fall darauf achten, dass es möglichst blickdicht auch für dicke, schwarze Filzstiftmarkierungen ist, denn für besonders komplexe oder technisch anspruchsvolle Grafiken kann es Sinn machen, grobe Umrisse bereits in der Vorbereitung vorzuzeichnen und keinesfalls sollten die Linien dann schon durchscheinen, wenn Sie noch das darüberliegende Blatt bearbeiten. Absolutes No-Go: Papier, das so dünn ist, dass Farben sich durchdrücken und auf den folgenden Blättern Spuren hinterlassen. Dann stellt sich noch die Frage der Perforierung. Perforierte Blätter lassen sich, wenn Sie gründlich genug perforiert sind, leicht und schwungvoll abreißen, damit ersparen Sie sich das lästige Blättern, falls das Ihrer Präsentationsmethode entgegenkommt. Sie sind aber vor allem dann nützlich, wenn Sie fertig beschriftete Blätter weiterverwenden wollen, beispielsweise im Raum aufhängen, damit Ihre Zuhörer bei Bedarf noch einmal rasch auf die darauf festgehaltenen Informationen zurückgreifen können. Prüfen Sie, dass sich die einzelnen Blätter leicht und vollständig abreißen lassen und vor allem, ohne versehentlich ihr Plakat in zwei Teile zu zerlegen. Hierfür kommt es auf dichtes, schweres Papier und eine gründliche Perforierung an. Und schließlich müssen Sie sich entscheiden, ob Sie kariertes, liniertes oder blankes Papier verwenden wollen. Was am geeignetsten ist, hängt sowohl von den geplanten Inhalten als auch von Ihrer Erfahrung ab. Prinzipiell ist völlig weißes Papier ohne jegliche Linierung die Optimalvariante. Keine störenden Linien, die Ihre Zuhörer irritieren, und der rein optische Eindruck ist deutlich ansprechender und professioneller, wohingegen Linien immer den leichten Beiklang eines Skizzenentwurfes haben. Allerdings: Wenn Sie viel mit Diagrammen und präzisen Zeichnungen arbeiten, ist kariertes Papier ein klarer Vorteil und auch unbedingt zu empfehlen. Größenverhältnisse und deutliche Linien erleichtern hier das Verständnis und ergänzen in sinnvoller Weise die mathematisch-sachliche Optik. Und auch, wenn Sie noch nicht viel Erfahrung mit der Flipchartarbeit haben, kann ihnen kariertes oder liniertes Papier zu Beginn eine große Hilfe sein. Denn das Schreiben und Skizzieren erfordert ein wenig Übung und die meisten Vortragenden neigen anfangs zu einigen grafischen Unsauberkeiten: Es fällt ihnen schwer, in einer geraden Linie zu schreiben und die Zeile fällt zum Schluss hinab oder steigt schief nach oben. Zudem wird die Schriftgröße nicht gehalten und die Buchstaben verzwergen sich im Zeilenverlauf. Beides sieht nach genau dem aus, was es ist: Noch nicht perfektionierte Arbeitsweise. Um nicht in diese Fallen zu tappen, ist liniertes Papier eine exzellente Orientierungshilfe, die Sie sich keinesfalls scheuen sollten, zu verwenden.

Kommen wir zu dem Tool, mit dem Sie während Ihrer Präsentationen den engsten Kontakt haben werden: der Stift. Und auch, wenn allen klar ist, worauf es hierbei ankommt, gibt es hier vielleicht die größten Qualitätsunterschiede. Ihr Werkzeug Nr. 1 ist ein schwarzer Marker. Sparen Sie hier nicht am falschen Ende, sondern gönnen Sie sich hochqualitative Stifte mit satten Farben und langer Lebensdauer. Üppig gefüllte Patronen sorgen dafür, dass dem Stift nicht allenthalben die Puste ausgeht und Sie nur noch mit verblassendem Grau verzweifelt auf dem Papier herumkratzen, um wenigstens noch ein wenig Tinte herausquetschen zu können. Zudem zerfasert die Spitze nicht und Ihr Schriftbild bleibt gleichmäßig. Bezüglich der Spitze haben Sie nun die Wahl: Runde Spitze oder Keilspitze? Kommt ganz darauf an, was Sie zu Papier bringen möchten. Schrift sieht mit Keilspitze geschrieben um einiges besser aus und ermöglicht ein schönes, teils fast kalligrafisch anmutendes Schriftbild. Um das zu erzeugen, braucht es ein klein wenig Übung, aber es ist wirklich kein Hexenwerk und verbessert die Optik ganz entscheidend. Für Grafiken und Diagramme empfiehlt sich die runde Spitze, denn um präzise und kleinteilige Elemente erstellen zu können, ist die schräge Kante ungeeignet. Am besten haben Sie eine Auswahl vorrätig, die sowohl Keil- als auch Rundspitze umfasst und ohnehin sollten Sie grundsätzlich Ersatzstifte dabeihaben. Denn auch, wenn Sie die hochqualitative Variante wählen, können sich Materialfehler einschleichen, der Stift ist unbemerkt einmal eine Weile ausgetrocknet oder Sie haben ihn doch schon länger verwendet, als Sie dachten. In der Präsentation ist kaum etwas so peinlich wie ein versagendes Schreibgerät, gerade, weil diesem Fall so einfach vorgebeugt werden kann. Es nicht zu tun, wirkt schlampig und nachlässig – also treten Sie stets mit einem Strauß schwarzer Stifte an! Bei Schwarz muss es natürlich nicht bleiben: Es gibt eine bunte Palette an Stiften und der Einsatz mehrerer Farben macht absolut Sinn (übertreiben sollten Sie es jedoch auch nicht, dazu später mehr). Wählen Sie Farben, die Ihnen gefallen und als bestimmte Markierungen etabliert sind, wie vor allem Rot und Grün.

Wenn Sie häufig und professionell präsentieren, sollten Sie in Erwägung ziehen, sich einen Moderationskoffer zuzulegen. Hierbei handelt es sich um fertig bestückte Koffer, in denen sie je nach Ausführung alles finden, was Ihr Moderatorenherz begehrt. Neben einer großen Auswahl an Stiften finden Sie beispielsweise auch Klebebänder, farbige Klebepunkte, Stecknadeln oder Zeigestäbe, die Sie vor allem dann nutzen können, wenn die fertig gestalteten Papierbögen im Raum verbleiben und weiter genutzt werden sollen. Ein weiteres Plus: Oft sind auch zusätzliche Materialien wie Kärtchen in unterschiedlichen Größen und Farben enthalten sowie normale Stifte, die zum Einsatz kommen, wenn die konkrete Initiative der Teilnehmer gefragt ist. So vermeiden Sie, dass Ihre sorgsam geplanten Aktionen an mangelnder Ausrüstung Ihres Publikums scheitern.

GRAPHISCHES STRUKTURIEREN

Die richtige Ausrüstung haben Sie nun, vor Ihnen steht ein stabiles Flipchartgestell, ein frischer, unberührter Bogen weißen Papiers wirkt einladend und es juckt Sie in den Fingern, mit dem neuen Stift in Ihrer Hand loszulegen. Das können Sie gerne tun und es bereitet einiges Vergnügen, sich einfach einmal kritzelnd ein wenig vertraut zu machen mit seinen neuen Arbeitsgeräten. Allerdings: Von Ihrem ersten Versuch werden Sie vermutlich enttäuscht sein. Das macht nichts, denn auch bei der Flipchartgestaltung ist eben noch kein Meister vom Himmel gefallen, aber Sie sollten nicht vergessen, dass das, was bei anderen Menschen so leicht und nebenher wirkt, eben einiger Übung bedarf. Worum es letztlich geht, ist graphisches Strukturieren. Das Schlüsselwort ist hierbei „Struktur", denn letztlich dreht sich bei der Flipchart alles darum, sinnvolle, eingängige Struktur für alle sichtbar zu machen. Und die Idee des Strukturierens macht dann gleich noch etwas deutlich: Es hat mit Struktur zu tun, mit Ordnung, System, Übersichtlichkeit – und die schüttelt man eben nicht einfach so aus dem Ärmel, auch wenn eine gelungene Präsentation am Ende so wirkt, als täten Sie genau das. Strukturiertes Präsentieren verlangt also stets genaue Vorbereitung und gründliche Überlegungen. Der Ausgangspunkt ist stets der Gleiche: Sie haben eine bestimmte Masse an Informationen, die Sie vermitteln möchten. Ganz gleich, ob es sich um eine Flipchartpräsentation handelt, eine reine Rede oder eine PC-gestützte Unterrichtseinheit, ist Ihnen sicher klar, dass es niemals eine gute Idee ist, zu denken, „Ich weiß ja alles, was ich sagen will, also stelle ich mich einfach mal hin und fange an, zu erzählen." Was dabei herauskommen wird, ist recht vorhersehbar: Ein unorganisierter, chaotischer Vortrag, bei dem Ihr Publikum allerhand Volten, Wiederholungen und Einschüben folgen muss, um irgendwie mitzuhalten. Ein aussichtsloses Vorhaben. Was Sie also benötigen, ist eine sinnvolle Struktur, die Sie dann mit den einzelnen konkreten Inhalten füllen. Bei der Flipchartpräsentation wird dieses Strukturieren nun auf ein neues Level gehoben bzw. es kommt eine zusätzliche Ebene dazu: Sie möchten graphisch strukturieren, Sie möchten visualisieren. Sie möchten also Information auf visuelle Art vermitteln und dies beinhaltet sowohl geschriebene Worte also auch Zeichnungen, Zeichen, Tabellen, Grafiken und jede mögliche Art von Zwischenstufe. Ein Beispiel wäre etwa ein einzelnes Wort, das zwischen anderen normal geschriebenen Worten in einer ausgestalteten Form präsentiert wird, die schon fast selbst eine Zeichnung ist, wie etwa folgende Beispiele:

Für diese komplexe Form der Strukturierung ist nun einiges an Planungsarbeit nötig, aber bevor Sie sich daran machen, eine konkrete Präsentation vorzubereiten, macht ein weiterer Schritt Sinn: die Entwicklung von grundlegenden Fähigkeiten. Sie sollten also universell anwendbare, Ihnen immer zur Verfügung stehende Skills entwickeln, was grafische Gestaltung angeht. Keine Angst, damit ist nicht gemeint, dass Sie zum Künstler werden sollen (Näheres zum Problem des (Nicht-) Zeichnen-Könnens in einem späteren Kapitel)! Aber es gibt ein Grundrepertoire an

Fähigkeiten, die in der Regel erst erworben und trainiert und vor allem auch personalisiert werden müssen. Erstens: sinnvolles Einteilen eines Blattes Papier. Gerade zu Beginn steht man nicht selten vor der Flipchart und denkt sich, „Fantastisch! Eine riesige Fläche, da bekomme ich leicht alles unter", dann legt man los und stellt fest, dass die gewählte Schrift viel zu groß war, man an ungünstigen Stellen die nächste Zeile beginnen muss oder unten irgendwie doch die Hälfte des Blattes frei bleibt. Es ist also wichtig, ein ganz grundlegendes Verständnis von der räumlichen Aufteilung zu entwickeln, um zu vermeiden, dass später alles überfrachtet oder halb leer wirkt. Weil das zwar selbstverständlich und simpel klingt, in der Praxis aber ganz schön trickreich sein kann, gibt es später noch ein Kapitel, in dem Schritt für Schritt und ausführlich erläutert wird, wie man eine einzelne Seite sinnvoll aufteilt und plant. Nächste Grundkompetenz: Vernünftig mit dem Marker umgehen. Ja, Sie können alle schreiben und halten ganz sicher nicht zum ersten Mal in Ihrem Leben einen Stift in der Hand. Es macht aber einen sehr großen Unterschied, ob Sie mit einem Kugelschreiber eine Din-A-4-Seite beschreiben oder mit zehnmal so großen Buchstaben einen Quadratmeter Papier ausfüllen sollen. Sie müssen sich schlicht an ganz neue motorische Muster gewöhnen. Die Bewegungen müssen weitgreifender sein und können nicht – wie beim herkömmlichen Schreiben – aus Finger- und Handgelenken kommen, sondern Sie benötigen nicht selten den ganzen Arm. Außerdem können Sie sich oft nicht mit dem Handgelenk auf der Schreiboberfläche abstützen, was beim Schreiben auf einem üblichen Notizblock eine selbstverständliche Stabilisierungsmaßnahme ist. All das führt meist zu zwei Komplikationen: Entweder die Schrift wird zittrig, krakelig und ungelenk, weil Halt und Stabilität fehlen, oder der Schreiber versucht, das bekannte Muster beizubehalten, sich abzustützen und mit den vertrauten Bewegungen zu schreiben, was ein gedrungenes Schriftbild zur Folge hat, das aussieht wie übliche Handschrift, die man mit Gewalt ein wenig größer zu machen versucht hat – und die trotzdem immer noch viel zu klein ist. Vielleicht erinnern Sie sich an

Situationen aus Ihrer Schulzeit, in denen Mitschüler an die Tafel gebeten wurden, und an die unbeholfenen Krakeleien, die zwischen der geübten Tafelschrift des Lehrers immer ziemlich kläglich wirkten. Um das zu vermeiden, ist Übung notwendig, und zwar unbedingt direkt am Flipchart selbst. Während Sie andere Details problemlos auch auf einem Din-A-4-Block üben können, brauchen Sie hier die realen Größenverhältnisse. Das wird Sie einige Bögen verschwendetes Papier kosten, um den Verbrauch zu minimieren kommen hier zwei Tipps. Erstens: Beschreiben Sie auch die Rückseite. Zweitens: Wenn Sie ein Blatt gefüllt haben, nehmen Sie eine andere Farbe oder einen dickeren/dünneren Stift und schreiben Sie einfach darüber. Je mehr „Schichten" Sie anlegen, desto unübersichtlicher wird das Ganze natürlich, aber schließlich geht es nur darum, Bewegungen einzustudieren, und es reicht, wenn Sie bei genauer Betrachtung sehen können, ob die Linien harmonisch, krumm, zittrig oder gerade sind. Es empfiehlt sich, die Schreibübungen mit Ziffern zu beginnen, denn die haben Sie vermutlich schon immer einmal wieder in größerer Ausführung geschrieben, arbeiten Sie sich dann zu Großbuchstaben vor, anschließend zu Kleinbuchstaben und erst am Schluss – falls Sie möchten – können Sie zu Schreibschrift übergehen. Was Sie ebenfalls nicht vernachlässigen sollten: Lernen Sie, gerade Linien zu ziehen und gleichmäßige Bögen oder Kreise zu zeichnen. So simpel es klingt, überfordert es doch viele Menschen zu Beginn und tatsächlich haben auch nicht wenige selbst auf einem Notizblock Schwierigkeiten mit regelmäßigen Kreisen, Wellen und Linien. Dies alles sind natürlich unverzichtbare Grundlagen, auf denen alles, was Sie im Folgenden an Techniken und Methoden erlernen werden, aufbaut, also seien Sie hier nicht nachlässig, sondern legen Sie durch gründliches Üben ein solides Fundament für weitere grafische Ausgestaltungen. Achten Sie darauf, dass Sie nicht nur lernen, saubere Buchstaben und Ziffern zu schreiben, sondern dass diese auch tatsächlich genau so groß oder klein werden, wie Sie es beabsichtigt haben, denn hier lauert ein häufig gemachter Fehler: Eigentlich müsste der Platz reichen, der erste Buchstabe wird zwar schön, aber dann noch ein wenig größer als geplant, die restlichen müssen sich anpassen und zack – ist die Zeile zu Ende. Übrigens: Das alles bedarf zwar einiger Übung, aber Sie müssen nicht fürchten, sich tagelang damit herumzuschlagen, das Gefühl für die entsprechenden Fertigkeiten kommt meist recht schnell.

Haben Sie diese ganz grundlegenden Hürden gemeistert, kommen Sie zum nächsten Teil: Entwickeln Sie einen persönlichen Stil und eigene Skills. Das ist unerlässlich, um all Ihren späteren Präsentationen eine geschlossene Struktur zu verleihen, sie unverwechselbar zu machen und Ihnen Sicherheit zu geben. Das persönliche Schriftbild macht sich – ähnlich wie die unverwechselbare Handschrift – an vielen Details fest und wird zu einem großen Teil durch Ihre bereits entwickelte Handschrift bestimmt. Entscheidende Elemente sind: Wie groß gestalten Sie einzelne Buchstabenteile wie etwa den Bogen des „b" im Vergleich zur Höhe des ganzen Buchstabens? Wird das Schriftbild eher rundlich oder eher gestreckt, also einzelne Buchstaben eher schmal oder eher breit? Wie viel Abstand lassen Sie zwischen einzelnen Zeichen? Bekommen „i" und „ü" Pünktchen oder kleine Striche? Wie viel Raum einer Zeile nehmen Sie ein und wie gestalten Sie das Schriftbild so, dass bei großen Buchstaben das Bild nicht unübersichtlich wird bzw. kleine Zeichen nicht verloren wirken? Möchten Sie sich bestimmte Grundsätze aneignen, wie etwa kleine Häkchen an bestimmten Schriftzeichenstellen? Probieren Sie hier eine Weile herum und nehmen Sie sich die Zeit, einen persönlichen Stil zu entwickeln, der Ihnen gefällt und zu Ihnen passt – und der Ihnen vor allem leichtfällt. Entwickeln Sie unbedingt auch verschiedene Schrifttypen, die möglichst unterschiedlich aussehen. So können Sie später Akzente setzen, nach Ebenen sortieren und die Übersichtlichkeit erhöhen – ganz wie mit den verschiedenen Schrifttypen am Computer. Diese Stilentwicklung geht übrigens noch deutlich weiter, nämlich, wenn dann die ersten tatsächlichen grafischen Elemente ins Spiel kommen. Kleine Zeichnungen verlangen noch eine genauere stilistische Entwicklung, überlegen Sie sich vorab schon einmal, ob Sie eher klassische Strichfiguren zeichnen möchten, ob Sie eine poppig-leichte Art anspricht, ob Sie es schlicht halten oder gerne etwas verspielter haben möchten. Hier spielen natürlich stets auch Publikum, Thema und Anlass eine Rolle, was zum nächsten großen Punkt führt.

ZIELGRUPPEN- UND THEMENSPEZIFISCHE VISUALISIERUNG

Wenn Sie eine bestimmte Optik oder Herangehensweise wählen, sind die folgenden Punkte mindestens genauso entscheidend wie persönliche Vorlieben: Wem präsentieren Sie was? Auf welche Weise möchten Sie es präsentieren? Wie möchten Sie selbst dabei präsentiert werden? Wie können Sie die Zielgruppe am besten ansprechen? Welche „Fallstricke" gibt es jeweils zu umgehen?

Beantworten Sie zunächst die erste Frage: Wer ist Ihr Publikum? Aus der Beantwortung dieser Frage ergeben sich die weiteren Fragen, an denen Sie sich entlanghangeln können zur perfekten Strategie. Haben Sie es mit Jugendlichen oder Kindern zu tun? Mit jungen Erwachsenen? Mit älteren Menschen? Ist das Publikum voraussichtlich motiviert, weil es freiwillig und aus einem persönlichen Interesse heraus an Ihrer Veranstaltung teilnimmt, etwa eine Schulung im Verein, dem die Jugendlichen gerne angehören oder ein gesundheitliches Seminar für Menschen mit den entsprechenden Beschwerden? Oder müssen Sie einiges an „Überzeugungsarbeit" leisten, weil es etwa um eine schulische Veranstaltung geht, auf die die meisten Schüler überhaupt keine Lust haben? Möchten Sie ein lockeres, möglichst ungezwungenes Umfeld erzeugen, das Neugier weckt und allen leichten Zugang ermöglicht? Oder ist die Veranstaltung ernsthafter und seriöser Natur und verspielte Lockerungsübungen wären fehl am Platz? Natürlich gibt es hier eine unendliche Zahl an möglichen Situationen, die folgenden Beispiele sollen Ihnen jedoch exemplarisch verdeutlichen, auf was es ankommt, und Ihnen eine Orientierungshilfe bieten, die genaue

Ausrichtung Ihrer jeweiligen Veranstaltung angemessen festzulegen. Erstes Szenario: Sie arbeiten mit jugendlichen Schülern, denen Sie bestimmte berufliche Perspektiven und Maßnahmen aufzeigen. Vermutlich können Sie hier nicht mit wissbegierigem, aufmerksamem und motiviertem Publikum rechnen, denn sie wurden vonseiten der Schule zu diesem Vortrag verdammt und haben möglicherweise einfach „null Bock". Ihre Aufgaben: Die Zuhörer aus der Reserve locken, die Situation ungezwungen gestalten und Befürchtungen der Langeweile und Belehrung zerstreuen. Empfehlenswert: Gleich zu Beginn Unerwartetes präsentieren. Es bietet sich ein überraschender Effekt an, so können Sie etwa den bekannten Titel der Veranstaltung auf ein Stück Papier schreiben, das Sie so auf das eigentliche Flipchartpapier kleben, dass die zweite Schicht nicht auffällig ist. Darunter schreiben Sie einen alternativen Text, der locker, witzig oder provokant ist – und nach einer erwartungsgemäß formelhaften Begrüßung reißen Sie den „langweiligen" Titel schwungvoll herunter. Ein überraschender Einstieg empfiehlt sich immer dann, wenn Sie wissen, dass Sie Ihr Publikum erst noch für Ihre Veranstaltung und auch für sich als Person gewinnen müssen. Im vorliegenden Fall bietet sich eine durchgehend lockere Gestaltung an, vermeiden Sie zu viel Text und übervolle Papierseiten, bedienen Sie sich an witzigen, auflockernden grafischen Elementen wie kleinen Figuren oder Smileys, wählen Sie poppige, flippige Optik, eventuell in Richtung Graffiti, und seien Sie mutig im Einsatz von Farben. Konzentrieren Sie sich auf die allerwichtigsten Punkte und visualisieren Sie diese eindrücklich, um die Chance zu erhöhen, dass auch bei nicht allzu ausgeprägter Aufmerksamkeit etwas vom Präsentationsinhalt hängen bleibt, und bemühen Sie sich, möglichst viel Interaktion und direkte Beteiligung Ihrer Zuhörer zu ermöglichen. Seien Sie bei der Einschätzung Ihres Publikums aber präzise: Stellen wir uns als nächste fiktive Veranstaltung ein ganz ähnliches Szenario vor, diesmal sprechen Sie jedoch vor Universitätsstudenten über deren berufliche Perspektiven. Eine ähnliche Herangehensweise scheint verlockend, handelt es sich doch um ein ähnlich „trockenes"

Thema und das Publikum ist ebenfalls noch recht jung. In einem Punkt unterscheidet die Zuhörerschaft sich jedoch ganz grundsätzlich: Die Studenten sind alle freiwillig und aus eigenem Antrieb an der Universität und mit der gleichen Motivation beschäftigen sie sich nun mit ihren Karriereaussichten. Aufwändige Effekte zum Erheischen von Aufmerksamkeit und Interesse sind hier nicht nur überflüssig, sondern geradewegs fehl am Platz: Es würde wirken, als nähmen Sie Ihr Publikum nicht wirklich ernst. Hier stehen vielmehr Faktenwissen, ausführliche Informationen und ein seriöses Auftreten im Vordergrund. Kleine humoristische Elemente wie eine witzige Zeichnung werten die Veranstaltung sehr auf, da Sie auf diese Weise Ihre Professionalität und Ihr sicheres Auftreten ganz nebenbei noch einmal unterstreichen können, sie dürfen aber nur sehr dosiert und präzise platziert eingesetzt werden. Das nächste Szenario ist grundsätzlich anders: Stellen Sie sich vor, Sie weisen Mitarbeiter einer Behörde in ein neues Dokumentationssystem ein. Sie haben es hier in jedem Fall mit Erwachsenen zu tun, vielleicht innerhalb einer weiten Altersspanne, was also keine hervorgehobene Rolle spielen darf. Dann ist Ihr Publikum vermutlich prinzipiell willig und aufmerksam, da schließlich jeder weiß, dass das hier Präsentierte ein erheblicher Teil der künftigen Arbeitsrealität sein wird, aber einige Teilnehmer haben vielleicht Vorbehalte oder sind gar besorgt angesichts der neuen Herausforderung. Mit anderen Worten: Alle wissen, dass sie müssen, aber nicht jeder hat auch unbedingt Lust. Hier empfiehlt sich eine Herangehensweise, die möglichst einladend und einschließend ist. Legen Sie sich eine Strategie zurecht, die genügend auflockernde Elemente bereithält, um die trockene Theorie etwas zu entstauben und den Zuhörern hilft, auch über längere Strecken hinweg wirklich fokussiert am Ball zu bleiben. Beginnen Sie Ihre Präsentation mit Leichtigkeit, um diejenigen zu beruhigen, die Überforderung fürchten und um auch die mitzunehmen, die der ganzen Angelegenheit gegenüber widerwillig eingestellt sind. Achten Sie dann im Verlauf der Präsentation darauf, die wichtigsten Fakten unmissverständlich und unübersehbar darzustellen und die weniger wichtigen Fakten zwar so zu präsentieren, dass Interessierte wirklich die gesamte Inhaltsfülle entnehmen können, die zögerliche Fraktion aber nicht „erschlagen" wird von den Informationsmassen. Rein stilistisch empfiehlt sich ein nüchternes Gesamtbild mit auflockernden Elementen, flippig-bunte Gestaltung ist hier fehl am Platz.

Gehen wir als Nächstes von einer Veranstaltung im Managementbereich aus. Sie können mit Publikum rechnen, dass berufsmäßig Interesse und Aufmerksamkeit mitbringen wird – und falls nicht, soll das nicht Ihr Problem sein. Mit anderen Worten: Man wird hier von Ihnen erwarten, dass Sie einen hochprofessionellen, sachlichen Topjob machen und nicht, dass Sie undisziplinierte Zuhörer mitnehmen – sollte es solche geben, wird ihnen vermutlich ohnehin eine hochgezogene Augenbraue zugedacht. Die Optik Ihrer Präsentation verlangt hier Klarheit, Schlichtheit, Seriosität und Präzision. Inhalte müssen ausführlich und detailliert sein, die größte Herausforderung wird während Ihrer Vorbereitungen darin bestehen, die Masse an Informationen in grafisch ansprechender und eingängiger Weise zu präsentieren und sinnvoll zu strukturieren. Ihre eigene Sicherheit im Auftreten spielt hier eine sehr große Rolle, also überlegen Sie sich ruhig ein paar unerwartete Effekte, die Ihre Dominanz in der Situation betonen. Diese Effekte sollten jedoch gleichzeitig zielführend und genau an den Zweck der Präsentationssituation angepasst sein, beiläufig und eher kleine Details und keinesfalls effektheischendes Theater. Verspielte Optik, flippige Schrift, witzige Grafiken sind hier tabu, lediglich einzelne Details dürfen auflockernd wirken – quasi die grafische Version des augenzwinkernden Kommentars. Statistiken, Tabellen, Grafiken und Zahlen sind sehr erwünscht, achten Sie aber peinlich genau darauf, keinen Papierbogen zu überfrachten – das wirkt übereifrig und damit stets etwas unsicher.

An all diesen Fallbeispielen können Sie nun vor allem zwei Dinge sehen: Erstens gibt es schier unzählige Möglichkeiten der Ausgestaltung und zweitens bietet die Flipchart all diese Möglichkeiten umfassend an. Sie können also einen maßgeschneiderten Vortrag halten und dazu müssen

Sie vorab nur sorgfältig den Rahmen abstecken. Ein letzter Rat: Manchmal spielt auch die Lesekompetenz des Publikums eine Rolle. Wenn Sie etwa vor Kindern sprechen oder auch vor Erwachsenen mit fremdsprachlichem Hintergrund oder marginaler Bildung sind wenige Worte in Kombination mit mehr Symbolen und Bildern sicherlich eine gute Wahl.

THEMEN UND UNTERTHEMEN FESTLEGEN

Nachdem Sie nun bereits herausgefunden haben, wie Sie sich für die optimale allgemeine Herangehensweise entscheiden, kommt nun der nächste, schon konkretere Schritt: Legen Sie Thema und Subthemen fest. Falls diesbezüglich in Ihrem Fall präzise Vorgaben existieren oder Sie sich bereits die entsprechende Struktur überlegt haben, ist dieser Punkt hinfällig. Trotzdem lohnt sich ein genauer Blick auf die Vorgehensweise, denn nicht selten birgt diese selbstverständlich erscheinende Aufgabe einige Fallstricke. So lässt man sich etwa gerne verleiten, ganz selbstverständlich die Schwerpunktsetzung und inhaltliche Ausgestaltung anzunehmen, die einem als Erstes in den Sinn kommt – vielleicht auch nur, weil sie üblich ist, deswegen ist sie aber noch lange nicht optimal. Zudem verspüren viele Menschen gerade bei dieser Aufgabe eine gewisse Unsicherheit: Vielleicht haben Sie diesmal eine gute Struktur gefunden, aber nun ja, das war eben Zufall, dass Sie gerade hierzu gute Ideen hatten. Sinnvoller ist es, Methoden zu erlernen, mithilfe derer man zuverlässig interessante und relevante Präsentationsinhalte entwickeln kann. Wie können Sie hierbei nun also vorgehen? Am Anfang steht das Thema, die Überschrift. In der Regel steht zumindest eine grobe thematische Ausrichtung bereits fest, schließlich bekommt man selten den Auftrag, eine Präsentation über „irgendwas" zu halten. Dann jedoch wird oft der Fehler gemacht, dieses Thema – welches meist eigentlich nicht vielmehr als einen gewissen Inhalt bezeichnet – auch als Titel und somit als Leitgedanke für die Präsentation zu übernehmen. Meist ist das jedoch keine besonders vorteilhafte Entscheidung. Zum einen sind diese „Titel“ oft stark verallgemeinert und dadurch recht bedeutungslos und vor allem langweilig. Zum anderen geben sie oft unwillkürlich bereits eine Richtung vor, die aber gar nicht die tatsächlich gewünschte ist. Ein kurzes Beispiel stellt diesen Sachverhalt einmal dar. Nehmen wir etwa eine Präsentation zum Thema „Depressionen“. Das Publikum besteht aus Betroffenen, Angehörigen, Interessierten und weiteren Laien, die aus persönlichem Interesse Ihren Vortrag besuchen. Sie erhalten den Auftrag, vor dieser Zuhörerschaft eine Präsentation über Depressionen zu halten – was sehr weit gefasst ist. Also übertiteln Sie Ihre Vorbereitungen mit „Depressionen“ und fragen sich dann, welche inhaltliche Entwicklung sinnvoll wäre – natürlich zunächst eine Definition mitsamt Erklärung. Was folgt? Klinische Befunde erläutern, Diagnosen vorstellen, Behandlungskonzepte aufzeigen etc. Allerdings ist das im vorgesehenen Kontext eigentlich gar nicht gefragt. Das Publikum kennt Depressionen und vermutlich auch nur zu gut die damit verbundenen Diagnosen und Behandlungsmöglichkeiten. Was von Ihnen viel eher gewünscht wird, sind Ausblicke und eigene Möglichkeiten. Wie steht es um die Behandlungsaussichten, was berichten Betroffene, was können die anwesenden Betroffenen selbst von diesem Vortrag mitnehmen und für sich selbst umsetzen? Mit dieser Zielsetzung ergeben sich natürlich ein ganz anderer Vortragsaufbau und logischerweise auch ein anderer Titel. Vielleicht nennen Sie Ihre Veranstaltung „Wege aus dem täglichen Grau – Welche Möglichkeiten Sie haben, bei depressiven Episoden aktiv gegenzusteuern“ oder Sie geben ihr eine ähnliche Bezeichnung. Damit locken Sie zum einen deutlich mehr Zuhörer an bzw. finden eine Zuhörerschaft mit gesteigertem Interesse und hoher Folgebereitschaft vor, zum anderen geben Sie Ihrem eigenen Vortrag eine ganz konkrete, gezielt verfolgbare Stoßrichtung vor und vermeiden belanglose Allgemeinplätze sowie das vertraute Standardallerlei. Um eine solche gelungene Themensetzung zu erarbeiten, helfen wieder einige Fragen: Wer sitzt im Publikum? Welches Interesse hat das Publikum bzw. wie genau lautet mein Auftrag? Was möchte ich in meiner Zuhörerschaft bewirken? Wie präzise und spezifisch soll ein Thema behandelt werden und welche Vorkenntnisse sind zu erwarten? Habe ich es mit einer Einführungsveranstaltung zu tun oder schon mit einer feiner ausdifferenzierteren Aufgabenstellung? Ebenfalls wichtig: Wenn bestimmte Inhalte schon feststehen, sorgen Sie unbedingt dafür, dass die Veranstaltungsbezeichnung diese Inhalte als logische Komponente hat und nichts davon künstlich hineingezwängt wirkt.

Bei der Ausarbeitung der Unterthemen können Sie großzügiger vorgehen. Am besten nutzen Sie hierfür selbst eine der Techniken, mit denen Sie später auch gemeinsam mit Ihrem Publikum Ideen erschließen und sortieren. Am einfachsten ist zu Beginn eine schlichte Mindmap. Hauptthema großgeschrieben in die Mitte, ein Kreis darumgezogen und rundum verteilen Sie zunächst einmal wichtige Stichworte, die Ihnen in den Sinn kommen. Auch einzelne Aspekte, von denen Sie bereits wissen, dass sie Teil des Vortrags werden sollen, notieren Sie hier. Unterwerfen Sie sich hier noch keinem strukturierten Denken, sondern lassen Sie die Ideen frei und ungehindert aus Ihren Gedanken aufs Papier purzeln. Machen Sie sich anschließend daran, die noch beliebig verteilten Stichworte zu sortieren. Was ist ein eigenständiges Thema, was ist eigentlich ein Teilaspekt von etwas anderem? Gibt es Überschneidungen? Auf diese Weise arbeiten Sie einzelne Themenblöcke heraus, die schließlich Ihre Unterthemen ergeben. Und dann machen Sie sich ans Streichen. Nicht alles, was Ihnen beim ersten Nachdenken darüber eingefallen ist, hat wirklich einen Platz in Ihrer Präsentation verdient. Klopfen Sie alle Punkte sorgfältig ab: Steht der Punkt in einer sinnvollen Verbindung mit dem Hauptthema? Ist er wirklich wichtig bzw. relevant? Entspringt er vielleicht nur persönlichem Interesse, hat aber nicht tatsächlich etwas auf genau dieser Veranstaltung zu suchen? Haben Sie ihn vielleicht auf die Liste gesetzt, weil er Ihnen standardmäßig erscheint und sozusagen zum klassischen Repertoire des Themas gehört, ist er aber für diesen speziellen Vortrag gar nicht wichtig oder sogar fehl am Platz? Nehmen Sie abschließend noch einmal genau die

Zielgruppe in den Fokus: Bearbeiten Ihre Punkte das Thema so, wie es für genau dieses Publikum optimal ist? Sollten Sie bestimmte Aspekte mehr in den Vordergrund rücken, vielleicht auch zu Lasten anderer Punkte? Versetzen Sie sich in Ihre Zuhörerschaft hinein und versuchen Sie, deren Erwartungshaltung nachzuvollziehen: Wird dieses Publikum vielleicht genau einen Punkt als zündendes, verbindendes, aktivierendes Merkmal wahrnehmen, der sonst gar nicht so wichtig ist? Tun Sie Ihren Zuhörern und sich selbst diesen Gefallen, denn eine perfekte Präsentation ist mehr als nur fachlich einwandfreier Inhalt.

WISSENSBESTÄNDE ERFOLGREICH HERSTELLEN UND AKTIVIEREN

Für die Planung einer Präsentation ist neben der grundlegenden Erarbeitung von Themen und Inhalten noch ein weiterer Punkt entscheidend: Wissen nachhaltig zu vermitteln, indem es in sinnvolle Strukturen eingebunden wird. Entscheidend ist hierfür schon der Einstieg in Ihre Präsentation und damit ist nicht die schnittige Headline oder der aufmerksamkeitssichernde Effekt gemeint – auf den Sie keinesfalls verzichten sollten! –, sondern der tatsächlich thematische Einstieg. Der Grundsatz lautet hier: das Publikum dort abzuholen, wo es steht, um dann langfristige Wissenserweiterung herbeizuführen. Dazu ist es hilfreich, bereits bestehendes Wissen zu aktivieren und dieses den Zuhörern aktiv ins Bewusstsein zurückzuholen. Denn zu jedem Thema existiert Vorwissen, selbst, wenn es nur in Form einzelner Anknüpfungspunkte oder von vagem Gehörten besteht. Dieses Vorwissen an die Oberfläche zu holen ist aus mehreren Gründen unverzichtbar. Erstens: Wenn klar wird, was das Publikum bereits weiß, kann vermieden werden, es mit Bekanntem zu langweilen – was meist mit geistigem Abschweifen beantwortet wird. Zweitens: Der Zuhörer wird beruhigt. Er erhält die Botschaft, dass er ja nicht nichts weiß, er kennt sich schon ein bisschen aus – wenigstens ein kleines bisschen – und

Ihre Ausführungen bauen nun darauf auf. Die Befürchtung, man könnte überfordert werden, und eine daraus resultierende innere Abwehrhaltung können so vermieden werden. Drittens: Der Zuhörer wird bereits aktiv eingebunden in die Präsentation und ist also von Anfang an mit dabei. So fällt es später deutlich schwerer, sich vorher geistig zu verabschieden. Viertens: Bestehende Irrtümer oder Missverständnisse können Sie gleich zu Beginn ausräumen und das neue Wissen somit auf eine solide, korrekte Basis stellen. Und schließlich: Auf diese Art aktivieren Sie das vorhandene Wissen und ermöglichen Ihrem Publikum, es zu nutzen – effizienter geht Wissensvermittlung nicht. Dieses abgerufene Wissen können Sie zudem so strukturieren, dass Ihre Präsentation optimal darauf aufbaut. Zur gemeinschaftlichen Reaktivierung der Kenntnisbestände eignet sich die Erstellung eines Clusters, je nach Detailfülle und Komplexität bietet sich im zweiten Schritt eine Mind-Map an.

Wenn dann all das vorhandene Wissen bereits für jeden Teilnehmer nachvollziehbar dargelegt wurde, können Sie sich daran machen, die Wissensbestände zu erweitern – das ist schließlich das Hauptanliegen Ihres Vortrags. Nun können Sie einfach einen wohlstrukturierten Vortrag halten – noch effektiver wird das Ganze aber, wenn Sie bei dessen Gestaltung auch die Erkenntnisse der Lernpsychologie miteinfließen lassen. Denn die Komplexität des menschlichen Gehirns bringt mit sich, dass Informationen ebenfalls auf komplexe und höchst unterschiedliche Art und Weise verarbeitet und im besten Fall integriert und dauerhaft abgespeichert werden. Um diese Erkenntnisse zu nutzen, brauchen Sie kein Psychologiestudium, denn die entscheidenden Mechanismen sind leicht zu verstehen und anzuwenden – deswegen kommt hier eine kurze Einführung in die Wissenschaft des Wissens.

Drei zentrale Begriffe sind der Schlüssel zu erfolgreichem Wissenstransport: Double Coding, prozedurales Wissen und deklaratives Wissen. Deren nähere Betrachtung macht dann auch deutlich, warum die Flipchart hervorragende Unterstützungsarbeit zu leisten vermag, wenn es darum geht, Wissen langfristig und tatsächlich anwendbar zu übermitteln. Schauen wir uns zunächst die beiden Formen des Wissens an. Grob dargestellt lässt sich das Wissen im Langzeitgedächtnis eines Menschen in diese beiden Kategorien einteilen, die vielleicht simplere und direktere Form ist das deklarative Wissen. Es ist diejenige Form, die oft intuitiv mit dem Begriff des „Wissens" in Verbindung gebracht wird, und umfasst Fakten, Sachverhalte und Begriffe. 7 ist mehr als 2, Biologie ist eine Wissenschaft, der Sturm auf die Bastille zu Beginn der französischen Revolution fand 1789 statt, im männlichen Genom finden sich die Geschlechtschromosomen X und Y, Methan ist ein Gas, der Mond wird von der Sonne beleuchtet, im Sommer ist es wärmer als im Winter – all dieses Wissen ist Teil des deklarativen Wissens. Wir erlangen es dadurch, dass es uns vermittelt wird, etwa in der Schule durch Lehrer, durch Aussagen und Erklärungen unserer Eltern oder durch Bücher. Wie die Beispiele deutlich gezeigt haben, kann dieses Wissen unterschiedlich komplex oder „schwierig" sein: Es überfordert sicher niemanden, die unterschiedlichen Temperaturen der Jahreszeiten zu kennen, wohingegen wohl nicht jeder bei den Feinheiten der Relativitätstheorie den Durchblick behält. Trotzdem ist alles Faktenwissen prinzipiell erwerbbar und somit deklaratives Wissen. Ein weiteres Merkmal: Diese Form des Wissens kann recht unkompliziert wiedergegeben werden, Sie können also eine einfache Aussage treffen, die genau das Wissen vermittelt, also etwa, „Stahl ist härter als Holz." Hier besteht ein großer Unterschied zum prozeduralen Wissen. Es zu vermitteln ist eine weitaus komplexere Aufgabe, denn es geht um dynamisches Wissen, das flexibel angewandt werden muss und intelligentes Problemlösen erlaubt. Es wird auch Handlungswissen genannt und was die Komplexität angeht, besteht auch hier ein breites Spektrum. Aus seinen Haaren einen Zopf flechten ist ebenso prozedurales Wissen wie das Durchführen einer komplizierten mathematischen Ableitung. Streng genommen besteht dieses prozedurale Wissen in der Fähigkeit, einzelne Aspekte deklarativen Wissens anzuwenden, zu kombinieren und vor allem zu entscheiden, wann es nötig ist, auf welches deklarative Wissensschnipsel zurückzugreifen. Daraus wird deutlich, dass prozedurales Wissen ohne deklaratives Wissen nicht existieren kann, denn es muss fortwährend auf diese starren, feststehenden Informationen zurückgreifen. Was nun als Modell unmittelbar einleuchtend und vor allem selbstverständlich erscheint, wird dann wichtig, wenn Wissen vermittelt werden soll, wie etwa in einer Präsentation. Denn die Form der Vermittlung muss abhängig gemacht werden von der Form des Wissens, das weitergegeben werden soll. Während den Vorbereitungen für eine Präsentation sollten Sie also stets unterscheiden, was genau Sie lehren möchten. Manchmal geht es um die bloße Vermittlung von Fakten – wissen, *dass* etwas ist. Das geht recht leicht, Ihre Überlegungen müssen sich eigentlich nur darauf richten, wie die Fakten am sinnvollsten gegliedert werden und in welcher Form diese präsentiert werden sollen, etwa in einer Liste, in Tabellen, in einzelnen Wörtern, in Zeichnungen, Grafiken oder Diagrammen. Das wäre etwa der Fall, wenn Sie einem Fachkollegium die neuesten chemischen Ergebnisse eines Geschmacksverstärkers mitteilen, an denen Ihr Labor gerade forscht, oder wenn Sie in der Vorstandssitzung die aktuellen Wirtschaftszahlen präsentieren. Besteht Ihre Aufgabe jedoch darin, das Publikum zu lehren, etwas zu tun – also wissen, *wie* etwas getan wird –, dann stehen Sie vor anderen didaktischen Herausforderungen. Ihre Aufgabe wird sein, die entsprechenden Prozesse in sinnvolle Zwischenschritte zu unterteilen, die logische Verknüpfung herzustellen, praktische Anwendbarkeit zu ermöglichen, im Idealfall eine Übungsmöglichkeit zur Verfügung zu stellen, Wenn-Dann-Beziehungen offenzulegen und den gesamten Ablauf nachvollziehbar zu machen – erklären wird wichtiger als präsentieren. Ein solcher Vortrag ist erforderlich, wenn Sie etwa die Abteilung einer Firma in die Verwendung eines neuen Computerprogramms einweisen sollen oder Erzieher mit einem neuen pädagogischen Ansatz vertraut machen möchten. Entscheidend ist hier die wiederholte Überprüfung des Zwischenstandes – sind alle mitgekommen, hat jeder verstanden, was Sie als Letztes erklärt haben, ist es allen gelungen, das vermittelte Wissen in die Anwendung zu übertragen? Interaktive Präsentationsmethoden mit reichlich Gelegenheit zur Nachfrage sind hier unverzichtbar.

Bei den meisten Präsentationen wird sicherlich eine Mischung aus beiden Wissensformen transportiert, auch bei den genannten Beispielen steht lediglich eine der beiden deutlich im Vordergrund. Identifizieren Sie im Vorfeld die Anteile an deklarativem und prozeduralem Wissen und stimmen Sie Ihre jeweilige Visualisierung darauf ab.

Damit kommen wir auch zum dritten Schlüsselbegriff, der nun all die Aspekte in einen gemeinsamen Kontext setzt, es geht um das sogenannte Double Coding, auch als Dual Coding bezeichnet. Das Prinzip dahinter lässt sich recht einfach erklären. Der Psychologe Allan Urho Paivio entwickelte 1971 die Theorie, dass Wissen im menschlichen Langzeitgedächtnis gewissermaßen in zwei „Schubladen" gleichzeitig abgelegt wird: Wir verwenden sprachliche und visuelle Assoziationen, um Informationen zu speichern, zu verarbeiten und später auch wieder abzurufen, und zwar legen wir diese Informationen in unterschiedlichen Hirnarealen ab. Ein sehr eingängiges Beispiel wäre das geistige Abspeichern einer Wegbeschreibung. Nehmen wir einmal an, Sie sind im Urlaub und schlagen im Internet den Weg zur nächsten Pizzeria nach. Dann merken Sie sich einerseits verbale Beschreibungen wie Straßennamen, links und rechts, die Kreuzung überqueren etc., andererseits legen Sie jedoch gleichzeitig eine bildliche Erinnerung an, etwa in Form von imaginierten Bildern einer Kreuzung, an der Sie links abbiegen. Das Prinzip greift jedoch auch in weitaus simpleren Fällen. Als Sie in Ihrer Kindheit gelernt haben, was eine Katze ist, haben Sie einerseits das Wort „Katze" abgespeichert, andererseits das Bild eines solchen Tieres. Wann immer Sie später mit dem Begriff „Katze" konfrontiert werden, rufen Sie in Ihrem Gehirn ganz unbewusst entweder das Bild oder das Wort ab, um zu wissen, um was es bei einer Katze geht. Die beiden Erinnerungsmöglichkeiten werden im Gehirn auf unterschiedliche Weise verarbeitet und verlaufen entlang unterschiedlicher Linien bzw.

Neuronen, was einen unschätzbaren Vorteil mit sich bringt: Wenn Sie den einen neuronalen Pfad gerade nicht finden können, steht Ihnen vielleicht immer noch der andere zur Verfügung. Sie erhöhen also signifikant die Wahrscheinlichkeit, etwas nicht zu vergessen – und das visuelle Erinnern kann dann auch eine vergessene sprachliche Information wieder reaktivieren und umgekehrt. Wer nun also die Aufgabe hat, anderen Menschen Wissen zu vermitteln, der kann sich dieses Wissen aktiv zunutze machen, und dafür eignet sich das Medium der Flipchart natürlich ganz besonders. Denn hier haben Sie die Möglichkeit, die entsprechenden visuellen Reize gleich mit zur Verfügung zu stellen und anzuregen, dass eine Information auf beide Arten abgespeichert wird – und zwar in leicht merkbarer, weil unterhaltsamer, überraschender, witziger oder anderweitig einprägsamer Form. Zugespitzt formuliert könnte man sagen: Geschickt eingesetzt, ermöglicht Ihnen die Flipchart einen direkten Weg ins Gehirn Ihres Publikums. Welche konkreten grafischen Techniken Ihnen das ermöglichen, erläutert nun das folgende Kapitel.

KONKRETE TECHNIKEN IM DETAIL

Im Kapitel „Techniken im Überblick" haben Sie bereits eine Idee von den einzelnen Visualisierungsmöglichkeiten erhalten, nun geht es darum, diese Informationen zu vertiefen. Mit dem Wissen der letzten Kapitel können Sie nun auf fundierte Weise Einschätzungen bezüglich der Verwendbarkeit und Sinnhaftigkeit der einzelnen Methoden treffen und sich mit der genauen Vorgehensweise vertraut machen. Beispielbilder und konkrete Anwendungsfelder illustrieren die unterschiedlichen Einsatzgebiete und zeigen Ihnen auf, wie Sie zu Ihrem jeweiligen Thema konkret Ihre eigene Grafik erstellen können.

Beginnen wir mit der universal einsetzbaren Technik schlechthin, dem Cluster. Es ist kaum ein Thema vorstellbar, dem man sich nicht auf diese Weise nähern könnte, und das Cluster ermöglicht einen völlig freien, ungezwungenen und offenen Einstieg. Was man damit tut? Erst einmal einfach Ideen sammeln. Der große Vorteil des Clusters liegt darin, dass nichts strukturiert oder sinnvoll geordnet sein muss, jeder Impuls und jeder Beitrag kann ungefiltert sofort aufgenommen werden. Damit bietet es einen optimalen, motivierenden Einstieg – jeder kann etwas beitragen, nichts ist richtig oder falsch, alles wird erst einmal so hingenommen, wie es kommt. Inhaltlich werden so nicht unbedingt die größten Durchbrüche erzielt, aber im Hinblick auf Motivation, Anregung und Kreativität ist das Cluster unschlagbar. Sie können es jedoch genauso gut ohne Publikumsbeteiligung erstellen, dann kommen die Impulse ausschließlich von Ihnen und Sie können Ihrer Zuhörerschaft einen lebendigen Eindruck vom Entstehungsprozess einer Idee vermitteln oder eindrücklich die Vielfältigkeit eines Themas darstellen. Und wie wird's nun erstellt, das Motivationswunder? Denkbar einfach: Schreiben Sie das Thema bzw. die Ausgangsfrage, mit der Sie sich beschäftigen möchten, in die Mitte und umranden Sie die Wörter. Anschließend notieren Sie den ersten Gedanken, der Ihnen in den Kopf kommt. Schreiben Sie ihn nahe zum Hauptthema, umkreisen Sie auch diesen Gedanken und verbinden Sie die beiden Kreise mit einem Pfeil, der vom Hauptthema zum neuen Gedanken führt. Dazu fällt Ihnen dann vielleicht der nächste weiterführende Gedanke ein – ebenfalls umkreisen und mit Pfeil verbinden. Auf diese Weise können Sie prinzipiell unbegrenzt fortfahren und eine logische Gedankenkette zu Papier bringen. Wenn Ihnen anschließend oder zwischendurch etwas einfällt, das mit dem ersten Gedanken überhaupt nichts mehr zu tun hat, eröffnen Sie einfach parallel eine zweite Gedankenkette bzw. eine dritte oder vierte.... Sie können auch zwischen den einzelnen Ketten hin- und herspringen und müssen sich bzw. Ihre Teilnehmer im freien Gedankenfluss nicht behindern. Im Cluster muss nichts sortiert oder strukturiert sein, assoziatives Sammeln und Weiterspinnen von Gedanken ist ausdrücklich erwünscht. Auch gestaltungstechnisch ist diese Methode nicht anspruchsvoll, achten Sie einzig darauf, das Hauptthema grafisch abzuheben, um es als ständigen

Ausgangspunkt festzuhalten, etwa, indem Sie es in Großbuchstaben schreiben, farbig oder besonders fett umranden. Was Sie damit gut festhalten können? Alles. Das Cluster kann zur Erschließung jedes beliebigen Themas verwendet werden, an dessen Anfang ein Brainstorming, bzw. eine Sammlung von Ideen stehen soll.

Die nächste Technik erfreut sich ebenfalls längst großer Beliebtheit, auch wenn sie nicht selten falsch verstanden wird: die Mind-Map. Und im Gegensatz zu mancher Fehlannahme handelt es sich hierbei um keine völlig freie und unstrukturierte Ideensammlung (hierfür gibt es das Cluster!), sondern es geht vielmehr darum, Ideen, Begriffe oder Gedanken zu sortieren und in eine logische Ordnung zu bringen. Sowohl die grafische Gestaltung als auch der konzeptuelle Entwurf sind nicht sonderlich herausfordernd, was die Technik zusätzlich beliebt macht. Und so geht's: Ihr Hauptthema kennen Sie, dazu sammeln Sie nun die wichtigsten Unterpunkte bzw. Schlüsselbegriffe. Dann schreiben Sie das Thema groß in die Mitte und zeichnen von dort aus einen Ast für jeden der Schlüsselbegriffe bzw. Unterpunkte. Damit unterteilen Sie den Papierbogen bereits grob in einzelne Bereiche. Von jedem dieser Schlüsselbegriffe ausgehend zeichnen Sie dann weitere Äste für weitere, damit in Verbindung stehende bzw. sich daraus ergebende Punkte. Beschriften Sie diese Äste mit den entsprechenden Begriffen und je nach Thema und Inhalt können Sie von diesen Einzelästen mit den Unterbegriffen erneut mehrere Äste abzweigen lassen, die ihrerseits entsprechende Beschriftungen tragen. Theoretisch können Sie mit dieser Auffächerung unendlich weiterverfahren, praktisch ergeben sich einige Einschränkungen bzw. Punkte, die Sie grundsätzlich beachten müssen: Überlegen Sie vorab, welcher der großen Unterbereiche wie ergiebig sein wird und teilen Sie sich den Platz auf dem Papier entsprechend ein. Zudem sollten Sie bei der Verästelung nicht den Sinn für Verhältnismäßigkeit und Übersichtlichkeit bewahren. Wenn Ihre Grafik irgendwann so kleinteilig wird, dass für lesbare Schrift kein Platz mehr ist und aus der dritten Publikumsreihe kaum etwas anderes als eine schwarze

Kritzelwolke erkennbar ist, ist die Mind-Map eventuell nicht die richtige Visualisierungsmethode für diesen Aspekt. Oder Sie haben sich lediglich verzettelt und können mit frischer Klarheit das Diagramm auf sinnvolle Dimensionen zusammenstreichen. Für was ist diese Technik nun geeignet? In thematischer Hinsicht ist auch die Mind-Map nahezu universell einsetzbar, allerdings eignet sie sich nur für Aspekte, deren Dimensionen abschätzbar sind und die keine zu hohe Komplexität aufweisen – um etwa Querverbindungen zwischen einzelnen Bereichen darzustellen, ist sie ungeeignet. Theoretisch können Sie zur kommunikativen Arbeit eingesetzt werden, wenn Sie Ihr Publikum durch gezielte Fragen zu recht vorausschaubaren Beiträgen bewegen können, ergebnisoffene Ideensammlung ist hiermit nicht möglich. Im Folgenden eine Aufzählung fiktiver Aspekte, bei denen sich der Einsatz einer Mind-Map anbietet: Sie legen die Arbeit der einzelnen deutschen Bundesministerien dar. In der Mitte steht „Ministerium", die einzelnen Bereiche wären dann Verteidigungsministerium, Gesundheitsministerium, Innenministerium etc. Ausgehend hiervon können Sie an Ästen die einzelnen Aufgabengebiete darlegen, vom Gesundheitsministerium aus zeichnen Sie etwa Zweige, die Sie mit Seuchenschutz, gesundheitliche Aufklärung, Prävention etc. beschriften. Einzelne Bereiche können erneut aufgefächert werden. Weitere Beispiele: Aufgabenverteilungen innerhalb einer Abteilung oder Firma darstellen, die verschiedenen Bereiche ehrenamtlichen Engagements einer Organisation offenlegen oder Bausteine einer gesunden Ernährung aufzeigen.

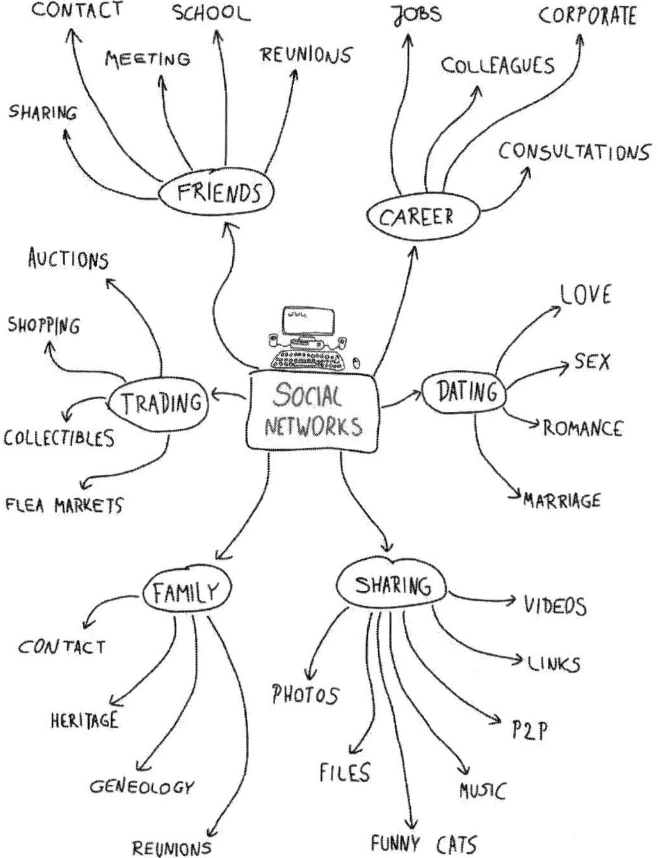

Ein Tipp: Die Mind-Map bietet sich an, einzelne Punkte auch durch Zeichen, Symbole oder kleine Bildchen zu ersetzen – so wird sie noch einprägsamer und zieht stärker Interesse auf sich.

Die nächste Technik, das Word Web – auch Wortstern genannt – ist der Mind-Map in mehrerlei Hinsicht sehr ähnlich. Erneut geht es darum, bereits gesammelte Informationen zu sortieren, in einen geordneten Zusammenhang zu stellen und diesen möglichst eindrücklich zu visualisieren. Die Hauptunterschiede: Die Darstellung des Word Web ist noch etwas bildlicher und ermöglicht zudem einzelne Querverbindungen.

Außerdem wird zwischen den einzelnen Begriffsebenen eine ausgeprägtere Hierarchie deutlich und wie der Name schon sagt geht es hier tatsächlich nur um Wörter, keine Bilder oder Symbole. Und so erstellen Sie den Stern: Hauptthema erneut groß und deutlich in die Mitte, durch Umkreisen etc. optisch hervorheben. Unterthemen bzw. Unterpunkte werden rund um das Zentrum verteilt geschrieben, ebenfalls eingekreist und durch Pfeile mit dem Ausgangsthema verbunden. Anschließend werden Begriffe, die jeweils mit den einzelnen Unterpunkten in Verbindung stehen, rundherum um den jeweiligen Unterpunkt verteilt und ebenfalls mit Pfeilen in Verbindung gesetzt, entsprechend setzt sich die Vorgehensweise für eventuelle weitere Unterebenen fort. Die Struktur ist hier ganz frei in sämtliche Richtungen, was einerseits dazu führt, dass man gut aufpassen muss, dass sich die einzelnen Bereiche nicht in die Quere kommen, andererseits ermöglicht sie, Querverbindungen zwischen zwei Teilbereichen darzustellen. Diese Form der Visualisierung bietet sich für fast alle Themenbereiche an und ist ähnlich wie die Mind-Map für teilnehmeraktivierende Arbeit geeignet, sofern die Beiträge absehbar sind. Ein paar Beispiele für einen sinnvollen Einsatz: Verteilung von Aufgaben (hier ist durch Querverbindungen dann auch darstellbar, wo bestimmte Aufgabenerfüller gemeinsam arbeiten müssen), die Erschließung von Fachvokabular oder Strukturen von Firmen und Organisationen. Worauf es zu achten gilt: Genaue vorherige Ausarbeitung, die gewährleistet, dass nichts gequetscht, verschoben, zu klein, leer oder unübersichtlich aussieht, wenn möglich, sollte Raum gelassen werden für spontane Ergänzungen. Tipp: Wirklich jeden einzelnen Punkt umkreisen! So stellen Sie sicher, dass auch bei Überlappungen und enger Beschriftung ganz klar ist, was zusammengehört. Das ermöglicht auch, nicht nur einzelne Begriffe zu notieren, sondern auch kurze Ausführungen – übrigens auch bei der Mind Map.

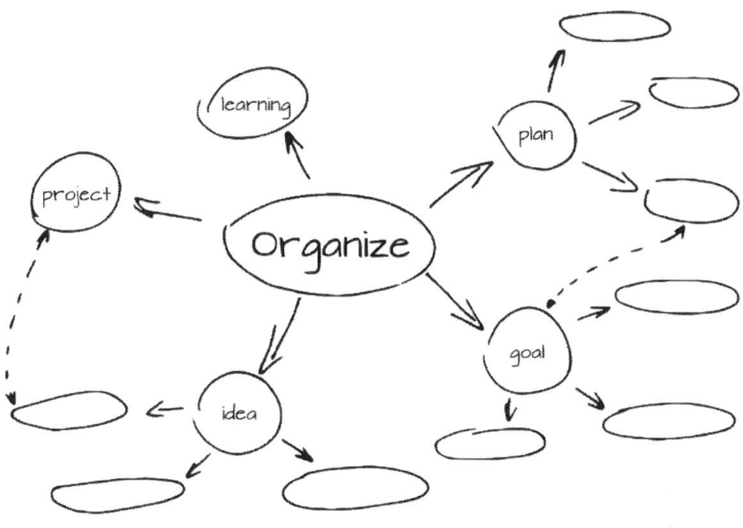

Die nächste Form der Visualisierung erfreut sich bereits seit den 1920ern im geschäftlichen Bereich großer Beliebtheit, als die Wirtschaftsingenieure Frank und Lillian Gilbreth sie erstmals vor Fachpublikum einsetzten: das Flussdiagramm. Seither wird es zunehmend im IT-Bereich eingesetzt, um dort Daten und Algorithmen darzustellen, aber genauso gerne, um abseits der Technik Abläufe zu optimieren. Und genau darum geht es bei diesem Diagramm: das Beschreiben von Abläufen. Im Gegensatz zu den bisherigen Techniken ist die Gestaltung wesentlich weniger frei und assoziativ, es geht nicht um das Sammeln von Informationen und Gedanken, sondern um konkrete, feststehende Prozesse. Simple geometrische Formen verdeutlichen unterschiedliche Ebenen im Prozess, etwa Anfang und Ende, Gabelungspunkte, Zwischenschritte. Und so gehen Sie bei der Erstellung vor: Legen Sie vorab die Symbole fest, etwa ein Rechteck mit abgerundeten Ecken als Anfang und Ende, normales Rechteck für Zwischenschritte, eine Raute steht für Punkte, an denen Entscheidungen getroffen werden müssen. Sehen wir uns die genaue Erstellung eines solchen

Diagramms einmal am fiktiven Beispiel eines Wartungsprotokolls an. Sie halten also einen Vortrag über die optimierte und effiziente Durchführung von Wartungsarbeiten an den Maschinen eines Fertigungsbetriebs und sprechen nun über den Prozess an einer bestimmten Anlage. Ganz oben auf das Blatt Papier setzen Sie die betreffende Anlage in ein Rechteck mit abgerundeten Ecken, etwa „Plastikbeckerproduktion 1". Generell empfiehlt es sich, ein solches Flussdiagramm von oben nach unten zu zeichnen, was der logisch-intuitiven „Fließrichtung" der meisten Zuhörer entspricht. Darunter zeichnen Sie ein normales Rechteck, schreiben den ersten notwendigen Schritt hinein, etwa „Oberflächliche optische Prüfung mit Notieren von Auffälligkeiten". Ein vom Startpunkt ausgehender Pfeil führt zu diesem ersten Zwischenschritt, von diesem ausgehend ein weiterer Pfeil zum nächsten Zwischenschritt, der ebenfalls in ein normales Rechteck gesetzt wird, „Entfernung des Arbeitspersonals von der Anlage". Ein weiterer Pfeil führt nun zum nächsten Punkt, der jetzt jedoch in eine Raute gesetzt wird: „Prüfen des Standardbetriebs". Dieser Punkt steht in einer Raute, weil sich hier zwei Möglichkeiten ergeben: Die Anlage könnte funktionieren, sie könnte aber auch nicht funktionieren. Deswegen führen von der Raute zwei Pfeile weg, nämlich einmal für „funktioniert" und einmal für „funktioniert nicht". Beide Punkte stehen nebeneinander unterhalb der Raute und werden jeweils in normale Rechtecke gesetzt. Aufseiten der funktionierenden Anlage folgt mit Pfeil verbunden das nächste Rechteck, etwa mit dem Inhalt „Probebetrieb 10 Minuten laufen lassen.", aufseiten der defekten Anlage folgt die Anweisung „Motorraum prüfen". In dieser Art wird das Diagramm durch all die notwendigen Schritte hindurch bis zum Ende weitergeführt, welches dann erneut in einem Rechteck mit abgerundeten Ecken notiert wird, etwa „Abgeschlossene Wartungsarbeiten im Kontrollsystem eintragen". Für den Fall des defekten Gerätes gibt es nun zwei Optionen: Sie können die verschiedenen Schritte streng linear nach unten weiterlaufen lassen, müssen dann jedoch beachten, dass Sie auf dieser Seite mehr Platz brauchen als unter dem Teil der funktionierenden Anlage. Die Übersichtlichkeit bleibt am besten gewahrt, wenn Sie die Abstände zwischen den einzelnen Schritten gleich belassen und lediglich den letzten Pfeil – der den letzten Schritt mit dem Endergebnis verbindet – verlängern. Sie können jedoch auch eine Art Wendepunkt einbauen, und zwar an der Stelle, an der Sie die zunächst defekte Anlage wieder zum Laufen gebrachten haben und nun von dem Punkt an genauso fortfahren wie mit der funktionierenden Anlage. Nachdem Sie also (nach mehreren Zwischenschritten) davon ausgehen, die Anlage wieder zum Laufen gebracht zu haben, setzen Sie einen gebogenen Pfeil, der zurückführt zum Rautenpunkt, in dem Sie das erste Mal die Frage nach der Funktionalität gestellt haben. Tut nun die Anlage, was Sie soll, fahren Sie einfach entlang der Linie der funktionierenden Anlage fort. Übrigens können Sie zusätzliche Formen einfügen, etwa Kreise oder abgeschrägte Rechtecke, wenn Ihre Organisationsstruktur dies verlangt. Das Erstellen einer solchen Grafik klingt im ersten Moment etwas kompliziert, ist aber keine große Herausforderung. Nötig sind nur ein paar Dinge: Entwickeln Sie eine präzise Vorstellung aller notwendigen Schritte und stellen Sie fest, wo Entscheidungen getroffen werden müssen. Probieren Sie dann ein wenig herum, um die räumliche Aufteilung auf Ihrem Papierbogen zu optimieren, was ein wenig herausfordernd sein kann, aber letztlich Puzzlearbeit ist. Der Einsatz des Flussdiagramms bietet sich überall dort an, wo genau feststehende Abläufe verdeutlicht werden sollen: die Erstellung eines Computerprogramms, die Organisation firmen- oder abteilungsinterner Abläufe, wie etwa das Treffen von bestimmten Entscheidungen, aber auch Alarm- oder Notfallsituationen, die Nutzungsmöglichkeiten einer Website, das Darstellen von Wahl- und Gesetzgebungsverfahren, die Durchführung von Routinearbeiten, wie Wartung oder Qualitätskontrolle, Einstellungsverfahren und vieles mehr. Die Visualisierung hilft hier enorm dabei, oft unübersichtliche und komplexe Strukturen fassbar zu machen, die den Rahmen der Vorstellungskraft leicht sprengen. Außerdem macht ein solches Diagramm präzise Vorgaben, die einerseits jedem

Beteiligten ermöglichen, zum richtigen Zeitpunkt das Gewünschte bzw. Nötige zu tun, andererseits auch Verbindlichkeit schaffen: So weiß jeder, was zu tun ist, und Verwirrungen bezüglich Zuständigkeiten oder Abläufen sind keine Gefahr mehr, aber auch keine Ausrede.

Die Entscheidung, zur folgenden Technik zu greifen anstelle zum Flussdiagramm, ist nicht immer ganz einfach, denn auf den ersten Blick scheinen das Flussdiagramm und das nun folgende Sequenzdiagramm ganz ähnliche Anforderungen zu bedienen: Abfolgen, Ereignisse, Prozesse etc. werden in eine Reihenfolge gebracht und geordnet dargestellt. Der große Unterschied zum Flussdiagramm ist nun, dass es nicht so sehr darauf abzielt, einzelne, sehr präzise Schritte nachvollziehbar festzulegen und somit genaue Handlungsanweisungen zu erstellen. Es geht vielmehr darum, Dinge, die in einer bestimmten Reihenfolge stattfinden, genauer zu beleuchten und in diese Reihenfolge zu bringen. Ein gutes Entscheidungskriterium: Wenn es um Prozesse geht, die so kleinteilig und präzise organisiert sind, wie Computerprogramme, dann ist das Flussdiagramm die richtige Wahl. Wenn die Zwischenschritte aus einzelnen Begriffen oder kurzen Wortsequenzen bestehen, greifen Sie also zum bereits besprochenen Flussdiagramm. Für alles, was ganzheitlicher und ausführlicher Betrachtungen bedarf, bietet sich hingegen das Sequenzdiagramm an. Rein grafisch ist es denkbar simpel: Eine Aneinanderreihung von Kästen, die durch Pfeile miteinander verbunden werden. Die optimal zugeschnittene Verwendung ist, die Handlung eines Buches oder einer Geschichte damit darzustellen, was einen guten Eindruck von der Art der Visualisierungsmöglichkeit gibt. Und so geht's ganz konkret: Setzen Sie am besten in die linke, obere Ecke Ihres Papiers ein Kästchen, das Raum für ein wenig Text bietet (natürlich stark von Ihrem Thema abhängig). Rechts daneben kommt das zweite Kästchen, vom ersten zum zweiten führt ein Pfeil. In das erste Kästchen schreiben Sie nun anders als bei allen bisher erläuterten Techniken nicht das Thema, sondern den Ausgangpunkt. Und noch etwas ist anders: Sie schreiben nicht nur einzelne Stichpunkte, sondern größere Abschnitte. Das verlangt, dass Sie jedem Kästchen – das einen Abschnitt oder Zwischenschritt repräsentiert – eine Art Überschrift verleihen. Nehmen wir etwa an, Sie wurden berufen, den Prozess für Auswahlverfahren neuer Bewerber in Ihrer Firma vorzustellen. Dann steht im ersten Kästchen vielleicht als Überschrift „Stellenausschreibung". Damit ist klar: Hier geht es nun um den ersten Schritt im ganzen Auswahlverfahren, genauere Erklärungen und einzelne Aspekte dieses Schrittes werden nun innerhalb dieses Kästchens notiert, oft bieten sich Punkte in einer Liste an, etwa, „Person A wählt aus, in welchen Foren, Medien etc. die Ausschreibung veröffentlich werden soll", „Person B verfasst die Stellenbeschreibung", „Person C autorisiert die Freigabe", „die aktuellen Anforderungen im Betrieb sollen besondere Erwähnung finden" – Sie sammeln eben alles, was es zum ersten Schritt zu sagen gibt. Dann kommen Sie zum nächsten Abschnitt, den Sie im nächsten Kästchen behandeln. Er bekommt wieder eine Überschrift, etwa, „Erste Auswahl der eingegangenen Bewerbungen". Unterpunkte könnten sein, „Person A nimmt eine erste Sichtung der Bewerbungen vor", „besonderes Augenmerk auf bereits gesammelte Arbeitserfahrung legen", „aussortieren: Bewerbungen mit Rechtschreibfehlern, Kandidaten ohne Studienabschluss". Ein Pfeil führt dann zum nächsten Kästchen etc., bis Sie am Schlusspunkt angelangt sind. Wenn Sie am Ende einer „Zeile" sind, also einer Ebene an Kästchen, malen Sie einfach einen längeren Pfeil, der vom letzten, rechten Kästchen in Zeile eins zum ersten, linken Kästchen in Zeile zwei führt etc. Wie nun deutlich wurde, eignet sich diese Methode vor allem, um Abläufe darzustellen, bei denen zu einzelnen Zwischenschritten ausführlichere Erläuterungen geboten sind. Hier lässt sich übrigens leicht mit grafischen Symbolen oder kleinen Zeichnungen arbeiten, um die ganze Struktur bildlicher erscheinen zu lassen und auch einprägsamer zu machen.

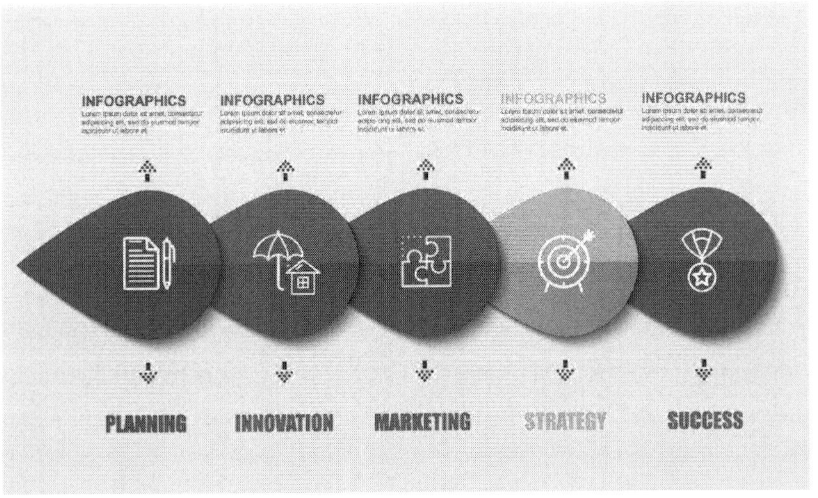

Die Erstellung an sich ist denkbar unkompliziert, komplexe räumliche Überlegungen wie etwa beim Flussdiagramm können Sie sich sparen, grobe Planung bezüglich der Zahl an Schritten ist ausreichend und Sie haben auch im Verlauf der Erstellung noch reichlich Möglichkeiten, etwas anzupassen. Typische Anwendungsfelder wären: das Darstellen von Handlungen einer (realen oder fiktiven) Erzählung, von Abläufen wie Bewerbungsverfahren, Entscheidungsfindung, Produktionsschritten oder das Zuweisen von Aufgaben innerhalb einer fest vorgegebenen zeitlichen Ordnung. Im Übrigen steht es Ihnen natürlich völlig frei, die verwendeten Formen selbst zu wählen: Nehmen Sie statt Kästchen Kreise, Rauten, Luftballons, Wolken, Blumentöpfe oder was immer Ihnen einfällt, zu Ihrem Thema passt und rein geometrisch Raum zum Beschriften bietet. Ihrer Fantasie sind hierbei keine Grenzen gesetzt!

Die nächste Technik ist unter verschiedenen Bezeichnungen bekannt und intuitiv sehr leicht und sinnvoll einzusetzen: die Zeitleiste, auch Zeitstrahl oder Zeitachse genannt. Entlang einer – in aller Regel horizontalen – Linie werden in chronologischer Abfolge Ereignisse notiert. Deshalb bietet die Zeitleiste sich vornehmlich für die Darstellung geschichtlicher Entwicklungen an, allerdings muss sich ihr Nutzen nicht darauf beschränken. So können etwa auch Prozesse und damit verbundene Aufgabenverteilungen auf diese Weise übersichtlich und klar festgehalten werden. Die genaue Erstellung dieser Grafikform bedarf keiner weitschweifenden Anleitung: Zeichnen Sie eine – möglichst gerade – Linie, setzen Sie den Anfangspunkt (links) und den Schlusspunkt (rechts) fest und tragen Sie anschließend die Zwischenetappen ein. Die größte Herausforderung besteht hierbei in der sinnvollen Einteilung, die vorab einige Überlegungen nötig macht: Welchen Zeitbereich wollen Sie abdecken? Wie viele Zwischenereignisse sollen eingetragen werden? Ist es sinnvoll, die Leiste in bestimmte regelmäßige Zeitzonen zu unterteilen oder soll die Unterteilung nur durch die entsprechenden Punkte erfolgen? Folgende Möglichkeiten gibt es: Sie können Jahrtausende abbilden, aber auch Jahre, Wochen, Stunden oder

Sekunden, je nachdem, was Sie darstellen möchten. Davon abhängig müssen Sie entscheiden, ob Sie mit festen Daten arbeiten möchten oder mit relativen Zeiträumen. Im ersten Fall beginnen Sie etwa mit 1978 und enden mit 2016, die einzelnen Ereignisse werden dann auf 1979, 1983 etc. datiert. Natürlich geht es auch genauer, Sie können ebenso den 23.09.2008 einzeichnen. Alternativ zeigen Sie nicht konkrete historische Verortungen auf, sondern Zeitpunkte, die sich relativ zu einem festgelegten Ausgangpunkt verhalten. Dann ist Ihr Start ein festgelegter Zeitpunkt, etwa, „Der Moment, in dem Person A Hebel 1 betätigt". Die Zwischenzeitpunkte werden dann in Zeiträumen eingezeichnet, also etwa „5 Sekunden später", oder „20 Minuten später". Hier müssen Sie entscheiden, ob Sie fortlaufend vom Beginn zählen oder von Punkt zu Punkt, also ob „20 Minuten später" bedeutet, „20 Minuten nach dem Startpunkt der Zeitleiste", oder, „20 Minuten nach dem letzten Ereignis entlang der Zeitleiste". Bezüglich der Einteilung müssen Sie festlegen, ob Sie die zeitliche Proportionalität wahren möchten oder jeden Zwischenpunkt in regelmäßigen Abständen einzeichnen, ganz gleich, ob die jeweils dazwischenliegenden Zeiträume unterschiedlich lang sind oder nicht. Ersteres empfiehlt sich, wenn Sie die zeitlichen Dimensionen einer Entwicklung hervorheben möchten, etwa zeigen wollen, wie kurz auf den 1. Weltkrieg bereits der 2. folgte im Vergleich zu Jahrzehnten und gar Jahrhunderten ohne Weltkrieg davor bzw. danach. Der Nachteil dieser Methode kann sein, dass weite Strecken des Zeitstrahls auf Ihrem Papier kostbaren Platz mit Leere verschwenden, wohingegen andere, ereignisreiche, Zeiträume unübersichtlich vollgestopft werden. Wenn Ihr Fokus also auf übersichtlicher Präsentation liegt, sollten Sie die zweite Variante wählen. Dabei legen Sie etwa fest, dass je nach 5 cm ein neuer Punkt eingezeichnet wird und indem Sie den jeweiligen Zeitpunkt dazu notieren, bleibt die exakte zeitliche Abfolge gewahrt, sie wird allerdings optisch nicht verdeutlicht. Das bietet sich an, wenn Sie etwa die Aufgabenverteilung innerhalb eines Prozesses darlegen möchten. Abgesehen davon können Sie die einzelnen Punkte entweder abwechselnd ober- und unterhalb der Zeitleiste eintragen oder Sie entscheiden sich, diese nur darüber zu schreiben und auf der Unterseite regelmäßige Zeitabstände einzutragen, unabhängig davon, ob zu den entsprechenden Zeitpunkten etwas Eintragungswürdiges passiert ist oder nicht. Empfehlenswert ist dies vor allem bei größeren Zeiträumen, denken Sie etwa daran, die Entwicklung des Lebens auf der Erde darzustellen. Hier ist es sinnvoll, die Zeitleiste unterhalb der Linie in regelmäßige Zeiträume aufzuteilen, zum Beispiel in Schritten von Jahrmillionen, um dann oberhalb die genauen Zeitpunkte zu notieren, etwa in dem Zeitraum zwischen „vor 3 Mio. Jahren" und „vor 4 Mio. Jahren" unten und „vor ca. 3,6 Mio. Jahren: Aussterben des Megalodon" oben. Wofür Sie sich jeweils entscheiden, ist also in hohem Maße davon abhängig, was Sie präsentieren möchten, einige grundsätzlich geeignete Inhalte für den Zeitstrahl sind: Darstellen von historischen Ereignissen, etwa der Verlauf der französischen Revolution oder die Entstehung der Bundesrepublik Deutschland, von generellen Entwicklungen, wie beispielsweise die Entstehung der Säugetiere, die Veränderung der Kontinentalplatten oder die Entdeckung der Genetik oder auch das Aufzeigen und Festlegen von bestimmten Prozessen, also etwa die einzelnen Arbeitsschritte in der Produktion eines Automotors oder sogar die kleinteiligen, zeitlich scharf umgrenzten Zwischenschritte innerhalb einer Maschine, die vielleicht Joghurt abfüllt. Nicht geeignet ist die Methode immer dann, wenn komplexe Zusammenhänge, Wechselwirkungen oder Querverbindungen aufgezeigt werden sollen.

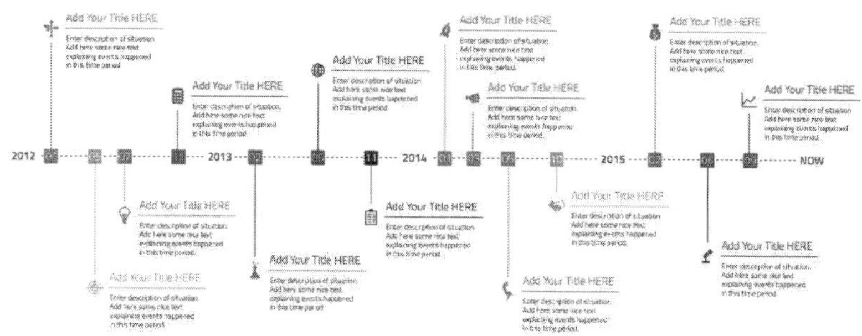

Fischgrätendiagramme, nach ihrem Erfinder, dem japanischen Wissenschaftler Kaoru Ishikawa, auch Ishikawadiagramme genannt, werden nun für einen ganz anderen Zweck verwendet: Mit ihnen steht endlich eine Technik zur Verfügung, mit der sich komplexe Ursache-Wirkung-Zusammenhänge darstellen lassen. Übrigens sieht es genau so aus, wie es heißt: nämlich wie das Grätenskelett eines Fisches. Meist wird es im Kontext der Problemlösung verwendet, wenn man den Ursachen eines feststehenden Missstandes auf den Grund gehen möchte oder die komplexen Einflüsse, die letztlich zu dem Problem führen, verdeutlichen will. Es besteht aus einer horizontalen Hauptlinie mit Pfeil am rechten Ende, von oben und unten führen dann jeweils schräge, nach rechts zulaufende Linien an die Hauptlinie heran. Ganz rechts, neben das Pfeilende, schreiben Sie das bestehende Problem, und zwar am besten so knapp und präzise formuliert wie möglich, gerne auch dick umrandet oder anderweitig optisch hervorgehoben. Die schrägen Linien stehen für die einzelnen Aspekte bzw. Überpunkte innerhalb des Problemkomplexes, an diese schrägen Linien können Sie dann kurze horizontale Linien setzen, auf die Einzelpunkte geschrieben werden können. Vollziehen wir die Erstellung an einem konkreten, fiktiven Beispiel nach: Sie referieren in einem Betrieb darüber, dass bzw. warum sich das neueste Produkt, eine Gesichtscreme, nicht gut verkauft. Ganz rechts schreiben Sie so etwas wie, „Miserable Verkaufszahlen der Creme XY“. Dann überlegen Sie, welche Gründe für diesen Misserfolg Ihnen bekannt sind und/oder welche möglichen Ursachen Ihnen einfallen. Denn das Fischgrätendiagramm bietet nicht nur die Möglichkeit, feststehende Tatsachen zu präsentieren, sondern Sachverhalten auch erst einmal auf den Grund zu gehen. Das heißt, Sie klopfen mögliche Problemursachen ab und stellen dann vielleicht fest, dass einzelne Aspekte keinen sonderlich großen Einfluss haben, andere dafür umso mehr. Im Qualitätsmanagement, wo das Fischgrätendiagramm seinen Ursprung hat, werden zumeist standardmäßig fünf Bereiche überprüft: Mensch, Maschine, Material, Methoden und Umwelt. Diesen fünf Punkten würde also jeweils eine schräg verlaufende Gräte zugeordnet, horizontale Linien geben Einzelaspekte wieder. Am Ast für „Maschine“ könnte etwas stehen, „unzuverlässige Funktion“, „arbeitet nicht präzise“, „kompliziert zu bedienen und damit fehleranfällig“ etc. Oder man findet ganz andere Aussagen, wie „einwandfreie Funktion“, „so gut wie keine Ausfälle“ – damit wird klar, dass das Problem wohl nicht hierin begründet liegt. Wenn man sich dann den Faktor „Mensch“ ansieht, stellt man vielleicht fest, „gute Arbeit im Verkauf“, „häufige Personalwechsel im Marketingbereich“, „hoher Krankenstand“. Dann wird deutlich: Hier könnten Ursachen liegen, man sieht etwa im Marketing genauer hin und stellt fest, dass die Arbeitsanforderungen und/oder das Gehalt unterhalb des branchenüblichen Durchschnitts liegen, leitet daraus die häufigen Wechsel her und entdeckt schließlich, dass hierdurch inkonsistente, unzureichende Marketingstrategien entstanden sind, die das Produkt schlicht uninteressant bewerben. Ein Ansatz könnte also sein, Lohnniveau und Arbeitsumfeld der Marketingabteilung zu verbessern. Wenn Sie sich zusätzlich den Faktor „Umwelt ansehen“, stellen Sie eventuell fest, „wenig Nachfrage im Bereich neuer Feuchtigkeitscremes“, „hohe mögliche Kundenzahl“ – dann können Sie überlegen, die genaue Produktzuschneidung abzuändern. Zusammengefasst: das Fischgrätendiagramm kann Ihnen aufzeigen, dass es eine gute Idee wäre, es einmal mit höheren Marketinggehältern und einer Anti-Aging-spezifischen Creme zu versuchen. Der große Vorteil: Sie können auch Abstufungen erkennen und sagen, Faktor 1 spielt vielleicht eine Rolle, Faktor 2 ziemlich sicher, aber keine große, Faktor 3 ist womöglich entscheidend etc. – und Sie stellen ebenfalls fest, woran es nicht liegt. Somit vermeiden Sie, Ressourcen etwa auf die Entwicklung einer neuen Rezeptur zu verschwenden, wenn die Rezeptur überhaupt nicht das Problem ist. Ganz deutlich zeigt sich, dass das Fischgrätendiagramm also zum Visualisieren und auch Aufdecken komplexer Kausalzusammenhänge geeignet ist und deshalb immer dann zum Einsatz kommen kann, wenn komplexe Problemlagen betrachtet werden. Übrigens: Sie können es auch verwenden, wenn es keinerlei Probleme gibt, aber Mittel-Zweck-Verbindungen aufgezeigt werden sollen. Dann verdeutlichen Sie, auf welche Art welche Einzelaspekte auf ein großes Ganzes hinwirken und können etwa aufzeigen, auf was für eine Vielfalt an Punkten es ankommt, wieso bestimmte Einzelaspekte unerlässlich sind, aber auch aufdecken, wo Überflüssiges abgestoßen werden könnte. Ein abschließender Kreativtipp: Gestalten Sie das Diagramm doch tatsächlich in Form eines Fisches – das ist rein grafisch leicht möglich, der Kopf des Fischskeletts übernimmt die Funktion des Pfeils, der rechts auf das Problem deutet, die Gräten sind Gräten, ganz am Ende rundet ein Schwanz das Bild ab. Das wirkt witzig und pfiffig und steigert enorm die Merkbarkeit.

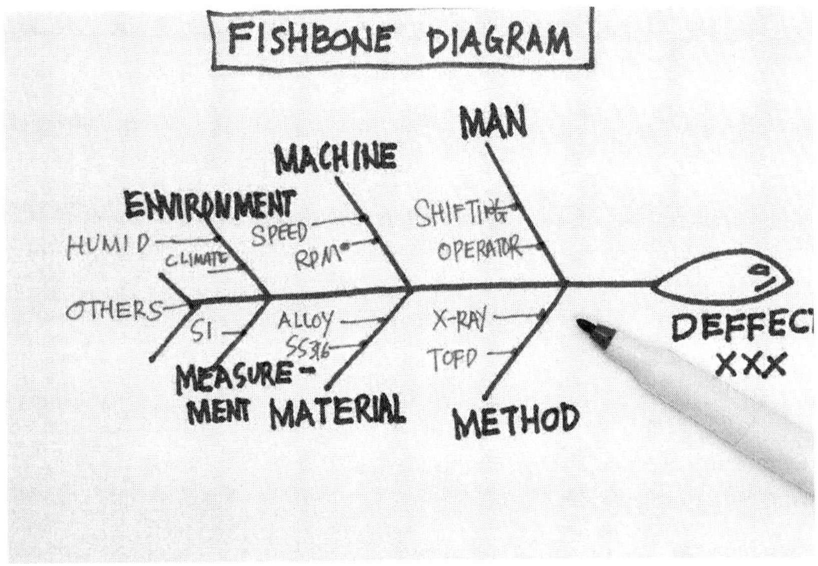

Um Ursache-Wirkung-Beziehungen geht es auch beim nächsten Diagramm, das aber ungleich einfacher daherkommt, sowohl in seiner grafischen Gestalt als auch im Hinblick auf die darstellbaren Sachverhalte: die Ursachenkette. Ihr Zweck lässt sich leicht zusammenfassen: Sie stellt die Entwicklung von einem einzelnen Auslöser hin zu einer bekannten Folge dar und bietet sich vor allem an, wenn mehrere Zwischenergebnisse den

Kausalzusammenhang zwischen tatsächlicher Ursache und konkreter Folge verschleiern. Es ist nicht geeignet, komplexe Zusammenhänge mit mehreren Einwirkfaktoren abzubilden, wie es das Fischgrätendiagramm tut. Ein fiktives Beispiel: Im Land X gibt es eine Hungersnot und nun möchten Sie aufzeigen, wo dieses Unglück eigentlich seinen Lauf genommen hat. Grafisch wird es folgendermaßen aussehen: Sie zeichnen untereinanderliegende Kästchen, die jeweils von oben nach unten zeigend durch Pfeile miteinander verbunden werden. Im untersten Kästchen steht die bekannte Konsequenz, ganz oben der ursprüngliche Auslöser. Es empfiehlt sich, Ursache und Wirkung optisch besonders hervorzuheben, etwa durch Farben, Schriftdicke etc. Wählen Sie jedoch für Anfang und Ende unterschiedliche Gestaltungen aus. Da Ihnen als Referent alle Aspekte bekannt sind, können Sie nun entscheiden, ob es für Ihr Publikum wirksamer ist, wenn Sie sich rückwärts von der bekannten Folge zurückarbeiten (also von unten nach oben) oder ob Sie chronologisch aufzeigen möchten, wie die Dinge miteinander in Verbindung stehen (von oben nach unten). Dann steht ganz oben etwa, „Herrscher XY stirbt", dann führt ein Pfeil zum darunterliegenden Kästchen, darin steht, „Nachfolgestreit entbrennt", danach „kriegerische Auseinandersetzungen zwischen möglichen Thronfolgern", dann „männliche Bevölkerung wird zum Kriegsdienst herangezogen", dann „ohne männliche Arbeitskraft Bestellung der Felder nur eingeschränkt möglich", anschließend „geringer Ernteertrag" und am Schluss die bekannte Folge: „Hungersnot". Mit diesem Diagramm können Sie gut arbeiten, wenn Sie eindrucksvoll vermitteln möchten, von welchem – vielleicht augenscheinlich weit entfernten oder unwichtigen – Ausgangspunkt eine bestehende Realität herrührt, ganz nach dem bekannten Beispiel des Schmetterlings, dessen Flügelschlag schließlich einen Tropensturm entfesselt. Konkrete Beispiele: Aufzeigen, wie eine bestimmte falsche Entscheidung zur heutigen Geschäftsmisere geführt hat, die Ursache eines ökologischen Ungleichgewichts durch etwa einen Schädling /eine eingeschleppte oder ausgestorbene Tierart darstellen, oder deutlich machen, wie bei Unglücken und Katastrophen ein kleiner Fehler weitreichende Konsequenzen hat (vgl. Reaktorkatastrophe von Tschernobyl, Absturz des Air-France-Flugs 447).

Das Kreislaufdiagramm macht nun schon mit seiner Bezeichnung deutlich, was es tut: Kreisläufe abbilden. Deswegen eignet es sich auch nur für sehr gezielte Einsatzbereiche, nämlich dort, wo immer wiederkehrende Kreisläufe bestehen, die letztlich eine Ursache-Wirkung-Kette sind, die stets gezwungenermaßen zu ihrem eigenen Ursprung zurückführt. Ein typisches Einsatzfeld ist das Aufzeigen von Nachhaltigkeitskreisläufen im Bereich des Recyclings, so können Sie über die verschiedenen Zwischenschritte aufzeigen, wie etwa Papier zunächst verwendet wird, dann der Altpapiersammlung zugeführt, anschließend sortiert, danach gereinigt, dann in seine einzelnen Bestandteile aufbereitet wird, anschließend aus diesen gewonnenen Rohstoffen wieder Papier hergestellt wird, dies verkauft wird und dann wieder beim Ausgangspunkt angelangt, nämlich der Verwendung des Papiers als Schriftträger, Verpackungsmaterial, Hygieneprodukt etc.

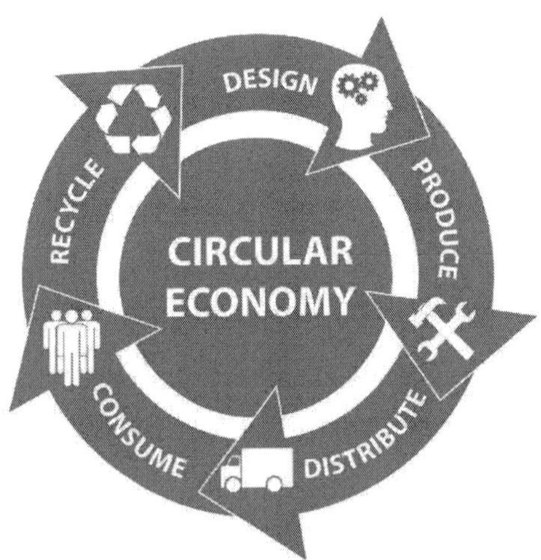

Die Erstellung ist denkbar einfach: Sie malen einen Kreis, der an genau so vielen Stellen unterbrochen wird, wie Zwischenschritte eingefügt werden sollen. Sie müssen also vorab überlegen, wie viele es davon gibt, und ein bisschen bezüglich der räumlichen Aufteilung herumprobieren. Ganz wichtig: Überprüfen Sie genau, ob es sich wirklich um einen Kreislauf handelt oder ob einzelne Faktoren sich doch verändern. Man neigt nicht selten dazu, etwas, das einem als der berühmte Teufelskreis scheint, als Kreislauf anzunehmen, stellt dann jedoch fest, dass es nicht der Realität entspricht. Was Sie jedoch tun können: An bestimmten Stellen von außen gewissermaßen in die Kreislinie hinein Pfeile „fließen" zu lassen und damit deutlich zu machen, dass zwar ein Kreislauf vorliegt, jedoch auch regelmäßiger, gleichbleibender Input von außerhalb des geschlossenen Systems erforderlich ist.

Zur nächsten Visualisierungstechnik muss nicht allzu viel gesagt werden, da sie wohl jedem bereits weitgehend vertraut ist: Die Tabelle. Zugegeben, Tabellen wirken nicht sonderlich reizvoll und kreativ, sondern sachlich und nüchtern, aber manchmal ist genau das der entscheidende Punkt. Zu einer guten Präsentation gehört auch, zu erkennen, wann witzige Details und mitreißende Bilder nicht angebracht sind, sondern ein Thema oder ein Punkt nach nichts anderem als nüchterner Faktenlage verlangt. Dann bietet sich die Erstellung einer Tabelle an, die auf einen Blick eine große Menge an vielfältigen Informationen und Details liefert, Vergleichbarkeit ermöglicht und ohne Bewertung Vor- und Nachteile aufzeigt. Trotz der allgemeinen Bekanntheit werfen wir anhand eines fiktiven Beispiels einen Blick auf die Erstellung. Nehmen wir an, In Ihrer Präsentation geht es um die Frage, mit welchen Druckermodellen der gesamte Betrieb ausgestattet werden soll. Sie erstellen ein Raster aus Spalten und Zeilen, in die einzelnen Zeilen tragen Sie die möglichen Druckermodelle ein. Die Spalten überschreiben Sie mit dem jeweiligen Gesichtspunkt, unter dem die Druckermodelle betrachtet werden sollen, also etwa die erste Spalte mit „Preis", die zweite mit „ Scanfunktion", die dritte Spalte mit „Kompatibilität mit bestehender technischer Infrastruktur", die vierte mit „Online-Bewertungen" und so fort. Es empfiehlt sich, in der Breite stets etwas Raum zu lassen, da erfahrungsgemäß häufig im Verlauf der

Erstellung noch Kategorien hinzukommen. Dann tragen Sie für alle Modelle die Fakten ein, also einen Preis in €, ja/ncin-Antworten, die Anzahl der Bewertungssterne etc. Wenn Sie möchten, können Sie ganz rechts – also neben allen bisher ausgefüllten Spalten – eine Art Fazitspalte einrichten. Dort können Sie nach beispielsweise einem Punktesystem, das Sie für die einzelnen Bewertungskriterien entwickelt haben, ein Gesamturteil notieren, ebenso denkbar ist eine Spalte für zusätzliche Anmerkungen. Die Tabelle eignet sich sehr gut für Vergleiche und für einen nüchternen Blick auf verschiedene Optionen oder Umstände. Sie führt eine große Menge an Daten gleichzeitig und anschaulich vor Augen und visualisiert sehr deutlich Vor- und Nachteile. Zudem haben Sie viele Möglichkeiten der Hervorhebung oder Gewichtung. Umkreisen Sie bedeutende Punkt etwa farbig, notieren Sie Anmerkungen, arbeiten Sie mit Ausrufe- und Fragezeichen, setzen Sie Pfeile ein. Die Tabelle empfiehlt sich immer dann, wenn vieles gleichzeitig aufgezeigt, gegenübergestellt, verglichen oder ausgewertet werden soll.

Ein paar Anwendungsbeispiele illustrieren die Möglichkeiten: Auswählen eines Reiseziels für die kommende Klassenfahrt, Betrachtung verschiedener Wahl- oder Regierungssysteme, Untersuchung verschiedener Ernährungsweisen etc. Übrigens: Sie können Spalten und Zeilen selbstverständlich auch vertauschen – wählen Sie hier die Option, die Ihnen übersichtlicher erscheint, und entscheiden Sie auch aufgrund der unterschiedlichen Platzanforderung. Vergleichen Sie etwa drei Smartphonemodelle im Hinblick auf zwölf Einzelkriterien, dann bietet es sich an, den Platz einer hochkant stehenden Papierfläche nach unten zu nutzen.

	PLAN A	PLAN B (Recommended)	PLAN C
Lorem ipsum dolor sit amet consectetur adipiscing elit.	✓	✓	✓
Lorem ipsum dolor sit amet consectetur adipiscing elit.	✗	✗	✗
Lorem ipsum dolor sit amet consectetur adipiscing elit.	YOUR TEXT	YOUR TEXT	YOUR TEXT
Lorem ipsum dolor sit amet consectetur adipiscing elit.	✓	✓	✓
Lorem ipsum dolor sit amet consectetur adipiscing elit.	✗	✗	✗
	$199 SIGN UP NOW	$199 SIGN UP NOW	$199 SIGN UP NOW

Kommen wir nun zur letzten Technik, dem Venn-Diagramm. Es wird vornehmlich in der Mathematik, Logik oder Statistik verwendet, um sich überlappende Inhalte aufzuzeigen. In der Mathematik visualisiert ein solches Diagramm oft die Mengenlehre, vereinzelt lässt es sich jedoch auch im nicht wissenschaftlichen Kontext gut anwenden. Nutzen Sie das Venn-Diagramm, wenn Sie zwei Themen/Optionen/Aspekte nebeneinanderstellen und herausarbeiten wollen, wo Gemeinsamkeiten und Unterschiede liegen. Sammeln Sie vorab alle relevanten Stichpunkte oder Begriffe. Dann zeichnen Sie zwei liegende Ovale, die sich überschneiden. Über jedes der Ovale schreiben Sie einen der beiden Punkte, die Sie einander gegenüberstellen möchten. Anschließend verteilen Sie die gesammelten Stichpunkte und überlegen: Trifft der jeweilige Punkt auf den einen Aspekt zu, auf den anderen oder auf beide? Was für beide gilt, landet in der Überschneidung in der Mitte, die anderen Punkte werden in die Restovale geschrieben. Ein fiktives Beispiel: Sie möchten Wölfe und Haushunde miteinander vergleichen und deutlich machen, worin sie sich gleichen und worin Unterschiede liegen. Dann schreiben Sie über das linke Oval „Haushund" und über das rechte „Wolf". Anschließend verteilen Sie die gesammelten Begriffe und Stichpunkte. Im linken Oval landet etwa „erziehbar", „an den Menschen gewöhnt", „häufiger Einsatz der Rute als Signalgeber", ins rechte Oval schreiben Sie „ernähren sich durch Jagd", „Laufen im geschnürten Trab", „nicht mit dem Menschen sozialisierbar". In die Schnittmenge der Mitte kommen die Gemeinsamkeiten: „Hierarchieverhalten", „Fleischfresser", „Heulen als lautliche Ausdrucksform." Damit wird schon recht deutlich, in welchen Fällen das Venn-Diagramm Ihnen nutzen kann, nämlich immer dann, wenn Sie zwei Dinge gegenüberstellen möchten, die sowohl Gemeinsamkeiten als auch Unterschiede aufweisen und diese Unterscheidung wichtig ist. Beispiele: Betrachten von zwei unterschiedlichen Erkrankungen mit überlappender, aber nicht gleicher Symptomlage, Vergleich unterschiedlicher Trainingskonzepte, Gegenüberstellung von Ausbildung und Studium, Ermitteln der Anschaffungsnotwendigkeit von Dingen, die gebraucht oder gewünscht werden etc.

Praktisches Flipchart-Training

Nun haben Sie bereits eine Menge über den nüchtern-technischen Teil der Flipchart-Präsentation gelernt: das Darstellen von Fakten, Zusammenhängen und Wirkbeziehungen. Hierbei handelt es sich um einen elementaren Teil, denn schließlich hat Ihre Präsentation in allererster Linie den Anspruch, Inhalte zu vermitteln und nicht dem Publikum zur Unterhaltung zu dienen. Auf der anderen Seite: Wir haben bereits festgestellt, dass Flipcharts gerade deshalb ein solch vortreffliches Präsentationsmedium sind, da Sie Unterhaltung oder doch zumindest anregendes und kurzweiliges Lehren mit der Vermittlung von Inhalten verbinden. Und hier spielt nun der grafische – sagen wir ruhig: zeichnerische – Aspekt eine entscheidende Rolle. Tabellen und Diagramme zu zeichnen verlangt nur ein wenig Herumprobieren und Berechnen, die zeichnerische Visualisierung, die der Präsentation letztlich den Kick gibt, ist zugegebenermaßen nicht ganz so simpel. Dass dieses Zeichnen hier so vorsichtig angesprochen wird, hat einen guten Grund: Es ist genau das, wovor die meisten potenziellen Flipchartnutzer zurückschrecken. Sie denken an Flipcharts, sehen sich vielleicht eine gelungene Präsentation im Internet an, sehen witzige, gekonnt gezeichnete Figuren, die sich fröhlich auf kunstvoll gestalteten Papierseiten tummeln und denken sich, „Das sieht toll aus, aber leider kann ich nicht zeichnen." Dann lassen sie die Idee mit der Flipchart wieder fallen und wenden sich Ihren PPP zu, bei denen sie ganz einfach Fotos einfügen können. Genau das ist jedoch ein Trugschluss und mit diesem Problem soll nun gründlich aufgeräumt werden.

GLAUBENSSÄTZE ÜBER BORD WERFEN: NATÜRLICH *KÖNNEN* SIE ZEICHNEN

Wie Sie damit anfangen? Als Erstes vergessen Sie einmal dieses hinderliche Relikt überkommener Bescheidenheit. Die meisten Menschen haben tief verinnerlicht, bestimmte Glaubenssätze grundsätzlich anzunehmen, besonders weit verbreitet sind, „Ich kann nicht singen.", und, „Ich kann nicht zeichnen." Beides kommt nicht von ungefähr. Meist hat es mit frühen Erfahrungen zu tun und der anschließenden persönlichen Einordnung der Vorfälle. Sie mussten im Kunstunterricht zeichnen und haben schlechte Noten bekommen? Sie haben aus vollem Halse gesungen und wurden ausgelacht? Beiden Fällen sind grundlegende psychologische Mechanismen gemeinsam: Die empfundene Scham – nicht unbedingt darüber, etwas nicht zu können, sondern es trotzdem zu tun oder gar fälschlicherweise zu glauben, man könne es. Der Konflikt mit der Umwelt ist dann der Punkt, der uns beschämt: Als Kind oder Teenager haben wir vielleicht insgeheim davon geträumt, Popstar oder Künstler zu werden und eifrig vor uns hingesungen und gezeichnet. Und dann wurde jemand anders Zeuge unserer Werke und wir haben Spott geerntet. Eine solche beschämende Erfahrung bekämpft man am besten mit einer radikalen Maßnahme: Man befiehlt sich selbst, sich keine Dummheiten einzubilden und nicht zu glauben, dass man so etwas könnte. Man ist eben kein Maler, kein Sänger und sich trotzdem dafür zu halten, wäre peinlich. Aber hier wird Ihnen dieser tief verinnerlichte Glaubenssatz nun zum Hindernis und das völlig unnötigerweise. Denn erstens: So viel zeichnen, wie für eine rundum gelungene Flipchartpräsentation nötig ist, können Sie mit größter Wahrscheinlichkeit bereits ganz von allein, zweitens: Alles, was Sie noch nicht können, können Sie lernen. Drittens: Negative Glaubenssätze à la, „Das kann ich nicht!", haben in erster Linie eine Wirkung: Sie lähmen Sie in dem Versuch, etwas daran zu ändern. Also tun Sie sich als Erstes den Gefallen und machen Sie Schluss mit althergebrachten Überzeugungen, die nichts mehr als ein lästiger Hemmschuh sind. Und dann stürzen Sie sich offen und mit Neugier in Ihre Flipchart-Kritzeleien und Sie werden schnell feststellen: Es gibt einiges an Talenten, die Sie in sich noch nicht freigeschaufelt haben – und nebenher macht die Sache noch ziemlich viel Spaß! Außerdem sollen Sie nicht zum Künstler werden. Das ist weder nötig noch angebracht, wenn es um Flipchartpräsentationen geht. Wichtig ist nur, in der Handhabung bestimmter Zeichentechniken sicherer zu werden und die sind genau das, was sie heißen: Techniken und damit strategisch erlernbar. Widmen Sie sich den folgenden Kapiteln dieser Lektüre und finden Sie heraus, wie Sie unkompliziert, schnell und ohne großen Aufwand Ihre eigenen Flipchart-Zeichenkünste auf ein neues Niveau heben können und eine Bildsprache finden, mit der Sie sich sicher fühlen und die zu Ihnen passt. Und bedenken Sie immer: Etwas nicht ganz perfekt zu können, wirkt sympathisch, solange es nicht das ist, womit Sie beauftragt sind. Soll heißen: Wenn Sie als Herzchirurg arbeiten, aber nicht ganz perfekt operieren, ist das nicht sympathisch, sondern eine Katastrophe. Wenn Sie jedoch als Experte für die Finanzstruktur Ihrer Firma arbeiten und dann nicht perfekt zeichnen, wirkt das nahbar, nicht abgehoben und auf sympathische Art der Situation überlegen. Also gönnen Sie sich ruhig die eine oder andere Skizze, bei der jeder versteht, was gemeint ist, und die in ihrer Kritzeligkeit den Zuschauern noch ein amüsiertes Lächeln auf die Lippen zaubert – das schafft Verbündete.

SO SIMPEL, SO WICHTIG: DAS RICHTIGE MATERIAL

Der erste Schritt in die Richtung klingt wenig spektakulär, ist aber unerlässlich: Decken Sie sich mit vernünftigen Arbeitsmaterialien ein. Über das Thema haben Sie bereits einiges gehört, insbesondere mit Hinblick darauf, welche Art der Ausrüstung generell für Sie passend sein könnte. Deswegen folgt hier lediglich in Kürze noch einmal eine genauere Einlassung über die zeichenspezifischen Materialien und hier lautet das Gebot: Sparen Sie nicht am falschen Ende! Was die Qualität von Stiften und Papier betrifft, sollten Sie keine Kompromisse eingehen – dann lassen Sie lieber ein paar Farben oder Zusatztools weg oder arbeiten mit einem Flipchart-Gestell, das weniger ausgetüftelt ist. Billige, schlechte Stifte oder zu dünnes, leichtes Papier ruinieren all Ihre Bemühungen. Bereits erwähnt wurden die Marker mit Keil: Sie sind das Nonplusultra für ästhetische Flipchartgestaltungen und sollten in Ihrer Ausrüstung keinesfalls fehlen. Für alles andere gilt: Probieren Sie aus und finden Sie heraus, was Ihnen am besten liegt. Vielleicht verlangt Ihre Art, zu zeichnen, nach Stiften mit runder Spitze oder gar besonders dünner Faser, vielleicht benötigen Sie eine größere Auswahl. Und auch, was das Stiftmodell angeht, gibt es Unterschiede. So finden Sie die Marker in teils stark abweichender Dicke, während manche kaum mehr als ein größerer Kugelschreiber sind, haben Sie bei anderen richtige Klötze in der Hand. Auch in der Länge unterscheiden Sie sich, mancher Marker ragt kaum aus Ihrer Faust hervor, andere hingegen lassen Sie auch weit dahinter noch fassen. Welche Variante geeignet ist, ist eine Frage des Geschmacks und der antrainierten Schreibgewohnheiten. Hier hilft nichts außer Ausprobieren, und zwar gründlich und umfangreich. Erst dann bekommen Sie ein Gespür dafür, mit welchen Exemplaren Sie am besten hantieren können. Eine Wahl treffen müssen Sie auch zwischen Stiften mit nachfüllbarem Tintenvorrat und Einwegstiften, was aber eine reine Frage persönlicher Vorlieben ist.

Über Papier wurde bereits das Wichtigste gesagt: Nicht zu dünn, nicht zu leicht, anständig perforiert und keinesfalls durchscheinend. An der Frage nach karierten Blättern scheiden sich nach wie vor die Geister. Fest steht: Optisch wirkt leeres, blankes weiß definitiv am besten, sollten Sie sich aber gerade zu Beginn mit kariertem Papier sicherer fühlen oder Grafiken verwenden, bei denen Kästchen eine sinnvolle Unterstützung sind, scheuen Sie sich nicht, auch zu solchen Blättern zu greifen! Übrigens: Oft gibt es gar kein unliniertes Papier zu kaufen, das macht aber nichts. In der Regel ist die Rückseite blank weiß, also drehen Sie den Block einfach um.

AUF DIE FORM KOMMT ES AN: SCHRIFTEN UND KONTUREN ALS RAHMENGEBER

Nach der absoluten Grundlage auf dem Weg zu besserer grafischer Performance – dem richtigen Material – kommt nun der erste gestalterische Grundsatz, der Ihnen bereits eine Menge nützen wird: Die Konturen von Zeichnung, von kunstvollen Schriften und von Schrift selbst immer und überall in schwarz! Klingt nicht sonderlich spektakulär, macht aber einen enormen Unterschied. Ganz egal, ob Sie nun einen Schlüsselbegriff in dreidimensionaler Schrift malen, einen Smiley zeichnen, die Umrisse eines Hauses oder einfach nur ein Satzfragment notieren – greifen Sie zum schwarzen Stift. Dies gilt natürlich nicht, wenn Sie sich entscheiden, ein einzelnes Wort oder einen besonders bedeutenden Punkt farblich hervorzuheben, dann geht es ja gerade um den Bruch mit dem restlichen Erscheinungsbild, aber wann immer Sie sonst Text schreiben, sollte schwarz der absolute Standard sein. Kugelschreiber oder Füllertinte sind nicht selten auch blau und nun fragen Sie sich vielleicht, was denn bei der Flipchart daran verkehrt sein soll. Dies liegt genau darin begründet, weshalb Sie sich für die Flipchart entschieden haben: Selbst, wenn Sie nur schreiben, visualisieren Sie. Die Flipchart arbeitet über optische Eindrücke, selbst, wenn diese nur Text in einer bestimmten Anordnung sind – deshalb machen Sie sich Gedanken um dessen räumliche Verteilung und beschriften die einzelnen Seiten sehr sparsam – und für optische Eindrücke spielt schwarz eine ganz besondere Rolle. Zunächst einmal bietet schwarz maximale Sichtbarkeit und Erkennbarkeit, da es den größten Unterschied zum weißen Hintergrund des Papierbogens bildet. Größtmöglicher Kontrast – größtmögliche Sichtbarkeit. Damit kommt schwarz eine ganz besondere Klarheit zu, was gerade auch bei kleinen Zeichnungen und Skizzen hilft. Probieren Sie es selbst einmal aus: Nehmen Sie sich ein ganz normales weißes Blatt Papier zur Hand (ohne Lineatur!) und dann einen schwarzen Filzstift, einen blauen und vielleicht noch einen grünen oder lilafarbenen, was Sie eben zur Hand haben, bleiben Sie jedoch bei dunklen Farben. Und dann zeichnen Sie einmal ein beliebiges, einfaches Objekt, vielleicht ein kleines Häuschen oder einen Baum. Geben Sie sich keine allzu große Mühe um Perfektion, fertigen Sie einfach eine rasche, beiläufige Skizze an. Tun Sie es einmal in schwarz und einmal in den anderen dunklen Farben, die Sie ausgewählt haben. Natürlich müssen die Zeichnungen nicht exakt gleich aussehen, aber versuchen Sie, ungefähr ähnlich zu zeichnen – also nicht einmal sehr präzise und einmal mit deutlich lockererer Hand hingeworfen. Und dann vergleichen Sie. Was Sie entdecken, wenn Sie sich die Zeichnungen genauer ansehen, ist, dass überall kleine Häkchen, über das eigentliche Ende hinausreichende Linien, zwei Striche, die sich nicht exakt treffen und zahlreiche weitere solcher Unsauberkeiten zu finden sind. Das ist völlig in Ordnung, schließlich sollen und *wollen* Sie ja gerade keine computergenerierte Perfektion erreichen, aber wenn Sie die verschiedenfarbigen Zeichnungen nun vergleichen, werden Sie feststellen: Bei den bunten Varianten neigen diese Unsauberkeiten dazu, eben danach auszusehen, was Sie sind: Kleine Unsauberkeiten, Achtlosigkeiten. Ganz anders wirkt meist eine schwarze Zeichnung: Hier erscheint jedes Strichlein gewollt, auch wenn ganz eindeutig ist, dass der eine kleine Kritzelstrich sicher nicht geplant war, sondern eben einfach passiert ist. Schwarz tendiert dazu, eine Optik der Makellosigkeit zu verleihen, was Ihnen bei Ihren

Flipchartzeichnungen sehr zugutekommt. Und einen weiteren Grund gibt es: Wenn Sie beispielsweise Wörter in Silhouettenschrift schreiben, etwa wie in folgendem Beispiel, dann möchten Sie die leeren Innenräume oft farblich füllen, leicht schraffieren, Muster hineinzeichnen etc.

Am sichtbarsten, saubersten und konstruiertesten wirkt dies grundsätzlich, wenn die Farbe der Silhouette die dunkelste ist und die Füllfarben heller sind. Und da nichts dunkler ist als schwarz, ist die Wahl auch hier eigentlich alternativlos. Ein weiteres Argument für Schwarz: Man kann es auch aus größerer Entfernung noch deutlich besser erkennen als jede andere Farbe, unverzichtbar gerade bei größerem Publikum oder ungünstiger Raumsituation.

Abschließend noch zwei simple, aber sehr effektive Tipps. Erstens: Gestalten Sie jede Flipchart mit gezeichnetem Rand. Das schafft unverzüglich ein großes Plus an Struktur und Visualisiertheit, selbst, wenn sich anschließend nur Text auf der Chart findet. Das ganze Blatt wirkt sofort liebevoller ausgearbeitet, übersichtlicher und nimmt die Eigenschaften bildlicher Darstellung an. Der Rand muss keinesfalls aufwendig gestaltet sein, aber falls Sie sehr kreativ sind und es thematisch passend erscheint, können Sie sich auch mit Schnörkeln oder sonstigen Zierelementen austoben.

Übrigens: Bei sehr komplexen Gestaltungen sollten Sie nicht zögern, kleine Orientierungshilfen bereits vorab leicht mit Bleistift einzuzeichnen – ist für das Publikum nicht sichtbar und hilft Ihnen enorm. Alternativ können Sie auch einzelne Charts bereits zum Teil vorzeichnen, etwa die Gitterstruktur einer Tabelle. Mit Inhalt gefüllt wird sie dann während Ihrer Präsentation.

VON KLEIN ZU GROß – VON DIN A 4 ZU FLIPCHART

Der nächste Tipp ist genauso leicht umsetzbar, wie er kostbar ist – was Sie bemerken werden, sobald Sie sich an der sinnvollen Gestaltung des ersten Papierbogens versuchen: Skizzieren Sie alles, was Sie präsentieren möchten, im kleinen Maßstab auf Din-A4-Papier (oder noch kleiner) vor. Auf diese Weise lernen Sie zwar nicht, sicher großformatig zu schreiben und zu zeichnen, das sollten Sie losgelöst davon üben, aber Sie erleichtern sich ganz ungemein den Umgang mit der ungewohnt großen Fläche des Flipchartpapiers. Die größte Herausforderung ist zunächst der Maßstab. Die Einteilung eines Notizblockblattes haben Sie Jahrzehnte eingeübt und sind damit vertraut. Zudem ist ein einfacher Schreibblock weitaus billiger und Sie können sich stressfrei einige Fehlversuche erlauben. Nehmen Sie sich also grundsätzlich zunächst ein kleines Blatt und gestalten Sie es genau so, wie Sie am Ende die Flipchart gestalten möchten. Versuchen Sie, die Maßstäbe beizubehalten, bei einigen Elementen kann es sich lohnen, tatsächlich Berechnungen anzustellen. Wenn Sie das fertig gestaltete Blockblatt vor sich haben, nehmen Sie ein Lineal zur Hand und messen Sie nützliche Parameter ab. Sie können beispielsweise folgendermaßen vorgehen: Wenn Sie eine fertig erstelle Grafik übertragen möchten, messen Sie die Breite des Blockblatts. Nehmen wir den fiktiven Wert von 20 cm an. Dann messen Sie die Breite Ihrer Tabelle/Grafik etc. ab, sie beträgt 12 cm. Damit ist sie also etwas breiter als die Hälfte des Blattes. Nun messen Sie Ihre Flipchart ab, sie hat eine Breite von 52 cm. Die Hälfte wäre 26 cm, schlagen Sie noch ein paar Zentimeter drauf und zeichnen Sie die Tabelle mit einer Breite von etwa 30 cm auf die Flipchart. Die Berechnung ist nicht exakt, in den meisten Fällen ist dies jedoch auch nicht erforderlich. Allerdings: Je kleinteiliger ein Element wird – wenn es etwa um die einzelnen Spalten einer Tabelle geht – desto mehr Präzision ist gefragt. Auf diese Art sichern Sie sich gelungene Grafiken ohne die bösen Überraschungen des freien Zeichnens, die gerade zu Beginn recht wahrscheinlich sind. Ein weiterer Vorteil: Sie können ein wenig herumprobieren. Sieht es besser aus, die Grafik ein wenig zu schrumpfen und dafür zentraler zu positionieren? Ist die kleine Zeichnung in der Ecke noch passend oder wirkt das Papier damit schon zu voll? Und schließlich: Bekomme ich die ganze Grafik/alle Stichpunkte auf ein Blatt, ohne zu stopfen, oder überlege ich mir besser gleich eine Möglichkeit, den Inhalt sinnvoll aufzuteilen? Und schließlich können Sie für Ihre kleine Skizze ganz ohne Bedenken auf liniertes oder kariertes Papier zurückgreifen. Das erleichtert das erste Erstellen natürlich ungemein und die einzelnen Zahlenwerte können Sie anschließend ganz unkompliziert auf die große Fläche übertragen.

ÜBERSICHTLICHKEIT, DYNAMIK UND MINIMALISMUS

Sinnvolle Farbauswahl und ein wenig Spaß am Zeichnen sind nun schon einmal eine gute Grundlage, diese beiden Dinge dann jedoch tatsächlich zu einer gelungenen Flipchart führen zu lassen, das geht nur mithilfe einiger genereller Prinzipien. Diese Prinzipien regeln, auf welche

Weise Sie dann alle die Diagramme, Skizzen, Notizen und Farben zusammenbringen, um eben nicht nur eine einzelne nette Zeichnung oder eine umfassende Tabelle zu erstellen, sondern etwas, das als komplette Präsentation gut und abgerundet funktioniert. Dazu gehört natürlich einiges, was über das Beschriften der Papierbögen hinaus geht, wie etwa rhetorische Fähigkeiten oder körpersprachliche Signale, aber zunächst einmal ist das Gestalten einzelner Flipchart-Seiten an der Reihe. Denn die schönsten Bildchen und die gelungensten Diagramme nützen nichts, wenn Sie sie nicht kunstvoll eingebettet präsentierten – Sie erinnern sich: Flipchart ist immer Visualisierung, immer bildlich, immer etwas fürs Auge. Sehen wir uns also genauer an, worauf man achten muss, um die einzelnen Charts ansprechend, interessant und auf die Publikumswahrnehmung zugeschnitten zu gestalten.

Die meisten Vortragenden sind beim Anblick eines weißen Flipchartpapiers erst einmal euphorisch-erfreut: Prima, riesen Fläche, unendlich viel Platz, was man da im Vergleich zu einer schnöden Din-A4-Seite alles draufpacken kann! Verlockend, aber alles andere als eine gute Idee. Tatsächlich ist einer der häufigsten und auch folgenschwersten Fehler, dass der eifrige Referent seine Flipchartblätter heillos überfrachtet. Das geschieht in guter Absicht, denn man möchte schließlich zeigen, dass man top vorbereitet ist und alle wichtigen Zahlen, Fakten und Daten kennt. Damit einher geht die Furcht, mit fortschreitender Zeit mehr und mehr von der Aufmerksamkeit des Publikums einzubüßen, und man lässt sich leicht dazu verleiten, zu denken, „Dann stopfe ich den ersten Teil der Präsentation möglichst voll, da hören wenigstens die meisten noch zu." Allerdings ist das keine gute Idee, denn die Aufmerksamkeitsspanne des Publikums ist keine feste Größe, sondern hängt in erster Linie von der Qualität des Vortrags ab. Das gleiche Publikum folgt vielleicht eine Stunde lang höchst aufmerksam einer unterhaltsam gestalteten, witzig aufgelockerten Präsentation, während es sich von den Ausführungen eines verkrampften, langweiligen Referenten bereits nach wenigen Minuten geistig verabschiedet. Manchmal lässt sich sogar feststellen, dass die Zuhörer viel eher bei der Stange bleiben, wenn der Beginn der Präsentation kaum etwas an Informationen liefert, sondern sich darauf konzentriert, das Publikum gewissermaßen anzulocken. Ein zweiter Faktor, der viele Referenten zu überfüllten Seiten verleitet, ist, dass die Blätter so wunderbar groß sind und man unwillkürlich leichte Schuldgefühle bekommt, wenn man den Platz nicht auch nutzt und auf diese Weise kostbares Papier mit halbleeren Seiten verschwendet – oder gar ganze Blätter, auf denen nur ein Wort steht! Also wird gestopft und gequetscht, was das Zeug hält, und am Ende gibt es Flipchartbögen, die man als erschöpfende Datensammlung kopieren und austeilen könnte, um sich auf eine Prüfung vorzubereiten – die aber leider mit einer Präsentation nichts mehr zu tun haben. Denn das verrät das Prinzip der Visualisierung, das schließlich darauf abzielt, über die Bildebene Merkfähigkeit und Aufmerksamkeit zu steigern. Eine übervolle Papierseite führt jedoch dazu, dass genau das – hinschauen, ein „Bild" sehen (das auch aus Worten bestehen kann), erfassen, abspeichern – nicht mehr möglich ist, sondern dass der Zuhörer in den Lesemodus wechseln muss, indem er sich Stück für Stück durch die Flipchartseite hindurch frisst. Dann hat man den visuellen Vorteil bereits verspielt. Die erste goldene Regel bei der Gesamtgestaltung einer Seite lautet also: Weißräume lassen! Nicht optisch vollstopfen, nicht inhaltlich überfrachten und sich bewusst für Verschwendung entscheiden. Gönnen Sie sich gerne auch einmal eine Seite, auf der nur ein großes Wort steht, ein entsetzter Smiley oder ein Fragezeichen. Eben das, was Ihnen gerade als Effekt nützt.

Eng mit der Frage der Überfrachtung ist auch die Frage der Übersichtlichkeit verbunden. Zunächst gilt: Überfrachtung zerstört Übersichtlichkeit und ist zusätzlich aus diesem Grund keine gute Idee. Aber wodurch zeichnet sich Übersichtlichkeit nun aus bzw. wie kann man sie zuverlässig herbeiführen? Dazu gibt es einige Maßnahmen. Erstens: Lassen Sie, wenn möglich, zwischen einzelnen Zeilen, Worten oder Zeichnungen mehr Raum, als die Zeilen, Worte oder Zeichnungen selbst jeweils einnehmen.

Das sorgt bereits für ein großes Maß an Übersichtlichkeit, gerade auch für Publikum in den hinteren Reihen. Zweitens: Entscheiden Sie sich für sinnvolle Schriftgrößen. Das ist ohnehin ein wichtiger Punkt, den Sie stets auch im Hinblick auf die jeweiligen örtlichen Gegebenheiten bedenken müssen. Wie weit von der Flipchart entfernt könnte noch Publikum sitzen und wie groß müssen Buchstaben und Zeichnungen sein, dass Sie auch von dort aus noch gesehen werden können? Bewährt haben sich Schriftgrößen zwischen 1,5 und 2 Kästchen. An die Schriftgröße muss dann unbedingt auch die Größe von Tabellen, Kästchen, Kreisen etc. angepasst werden, denn auch hier lauert das Problem der Unübersichtlichkeit. Wenn Sie etwa ein Diagramm beschriften, bei dem Sie etwas in Kästchen eintragen, wirkt es unsauber und unübersichtlich, wenn die Schrift das Kästchen beinahe – oder gar tatsächlich – vollständig ausfüllt. Probieren Sie das gerne im Kleinen auf einem Notizblock, um festzustellen, welche Größenverhältnisse dem Auge angenehm sind. Das gilt genauso für den Raum zwischen Kästchen, Spalten etc. sowie für die Länge von Verbindungslinien und Pfeilen. Auch diese sollten in einem vernünftigen Größenverhältnis zueinanderstehen, um Unübersichtlichkeit und visuelle Anstrengung zu vermeiden. Widerstehen Sie also auch hier dem Impuls, zu stopfen! Ein Tipp, wenn es trotzdem einmal etwas enger werden muss: In einem gewissen Rahmen können fetter gezeichnete Linien von etwa Pfeilen oder Kästchen die drohende Unübersichtlichkeit abfangen. Drittens: Sorgen Sie für eine thematisch und visuell sinnvolle Aufteilung des Blattes. Dem Auge des Zuschauers sollte es beim ersten Blick darauf gelingen, Struktur und System darin zu erkennen. Das erreichen Sie zum einen, indem Sie für inhaltlich Unterschiedliches auch wirklich unterschiedliche Blätter verwenden, zum anderen, indem Sie sich bei Ihrer Gestaltung an die Richtungsverläufe halten, die wir (zumindest im westlichen Kulturkreis) gewohnt sind: von links nach rechts, von oben nach unten, im Uhrzeigersinn. Ergibt es sich aufgrund dieser Ordnung, dass sich für ein Element kein Platz findet – auf die nächste Seite damit! Viertens: Wahren Sie

Ordnung in Bezug auf Zeichen, Symbole, Zeichnungen und Schriftarten. Die Devise lautet nicht „maximal bunt und abwechslungsreich", stattdessen entwickeln Sie besser ein durchgängiges System (zur Wirkung einzelner Farben, Schriften und Symbole gibt es in einem späteren Kapitel Genaueres).

Und hier kommen wir auch direkt zum nächsten großen Stichwort, dem Minimalismus. Von einigen minimalistischen Aspekten haben wir bereits gesprochen – Blätter nicht überfrachten, nicht mit Symbolen und Effekten um sich werfen –, der Minimalismusanspruch einer Flipchartpräsentation geht aber noch weiter und lässt sich mit einer radikalen Formel auf den Punkt bringen: Auf Ihre Flipchart hat nichts etwas verloren, das nicht völlig unverzichtbar ist. Mit anderen Worten: Alles Überflüssige bleibt draußen. Nun sind Sie vielleicht etwas überrascht, weil man annehmen könnte, das würde bedeuten, auflockernde Zeichnungen und nette kleine Skizzen würden damit grundsätzlich verbannt, so ist es aber nicht. Ganz im Gegenteil können genau diese Kleinigkeiten dramaturgisch entscheidend sein – aber nur, wenn sie eine solche Funktion auch tatsächlich erfüllen, sollten Sie sie einsetzen. Also stellen Sie für jedes Flipchartblatt, das Sie entwerfen, kritische Fragen: Was ist der Inhalt, der hier vermittelt werden soll? Wie viel davon ist wirklich nötig, was ist zu abschweifend bzw. welche Teile reichen mündlich völlig aus? Sie sollten nie aus dem Auge verlieren, dass der Hauptteil Ihrer Präsentation immer noch mündlich abläuft. Auf Papier gebannt gehören nur die wichtigsten Details! Und wenn der inhaltliche Teil geklärt ist, gehen Sie zum visuell-unterhaltsamen Teil über: Brauche ich hier einen Aufhänger? Muss ich das Interesse des Publikums an dieser Stelle der Präsentation erneut wecken? Ist Auflockerung nötig? Bietet sich hier ein unerwarteter Effekt an? Keinesfalls sollten Sie andersherum vorgehen, etwa nach dem Schema, „So, die Info ist fertig, was könnte ich jetzt noch Witziges/Unterhaltsames draufpacken?". Auf diese Art lenken Sie vom roten Faden Ihrer Präsentation ab, entlocken dem Publikum zwar vielleicht ein Schmunzeln oder einen verblüfften Gesichtsausdruck, tragen aber nicht dazu bei, dass der logischen Struktur Ihres Vortrags lückenlos gefolgt wird.

Lassen wir uns noch zum letzten großen Stichwort dieses Themenbereiches leiten: Dynamik. Dynamik ist letztlich das, was wir mit dem vielfältigen Strauß an großen und kleinen Methoden erwirken möchten. Es bedeutet letztlich, dass der Zuhörer das Gefühl hat, einer Performance zu folgen, in der alles stimmig ist, rund, perfekt ausgearbeitet und damit höchst unterhaltsam. Im Idealfall vergisst das Publikum, dass es sich in einer Lehrsituation befindet, also in einer Situation, in der es belehrt werden soll – etwas, das in nicht wenigen Leuten unwillkürlich einen gewissen Widerwillen wachruft. Dynamik erzeugen Sie, indem Sie all das, was bislang besprochen wurde, perfekt aufeinander abstimmen und in einer sinnvollen „Dramaturgie" anwenden. Sie haben nun bereits die Inhalte ausgewählt, ebenso, in welcher Reihenfolge und Detailfülle diese präsentiert werden sollen. Sie haben die grobe Stoßrichtung Ihrer Präsentation festgelegt, Sie haben Diagramme, Notizen und Zeichnungen entworfen und nun geht es darum, in welcher Form Sie präsentieren. Die Fragen, die zu klären sind, ähneln tatsächlich denen, mit denen sich ein Theaterregisseur beschäftigen muss: Wann sollte ich blättern, wann sprechen, wann schreiben, wann trete ich einen Schritt beiseite und überlasse dem statischen Anblick der Flipchart die Bühne, wann stelle ich mich vor die Flipchart und rücke mich, meine Worte und Gesten in den Vordergrund, wann reiße ich ein Blatt mit Schwung und Elan herunter, wann schiebe ich die Flipchart vielleicht mit Schwung in die nächste Ecke? Dazu gibt es einige Anhaltspunkte. Zunächst sollten Sie darauf achten, zwischen einzelnen Phasen abzuwechseln. Reden – schreiben – blättern – zeichnen – wieder reden – wieder zeichnen etc. Ihre Präsentation wirkt lebhafter und dynamischer, je öfter Sie Ihr Publikum zwingen, den Fokus zu wechseln. Allerdings steht selbstverständlich im Vordergrund, Sinneinheiten nicht auseinanderzureißen, und Sie sollten keinesfalls zu hektisch werden. Wechseln Sie nur eben so oft, wie es möglich ist, ohne den Eindruck der Ruhe und

Überlegenheit einzubüßen. Ebenfalls belebend wirkt es, Ebenen zu kombinieren. Erzählen Sie etwas und zeichnen Sie ganz nebenbei ein Symbol, das Ihr Gesagtes auf der Flipchart festhält. Ein Beispiel: Sie halten einen Vortrag über Wartungsprotokolle an einer bestimmten Produktionsanlage und warnen bei einem Schritt vor der drohenden Gefahr eines Wassereinbruchs. Während Sie dies tun, zeichnen Sie einen Blitz (Vorsicht! Warnung!) und einige Tropfen Wasser an der entsprechenden Stelle des Verlaufsdiagramms. Überlegen Sie, an welchen Stellen es sich anbietet, verschiedene Ebenen zu kombinieren, und bauen Sie diese Elemente in Ihre Präsentation ein. Und schließlich entsteht Dynamik durch Bewegungen und Überraschungen. Nutzen Sie die gesamte Weite der Bühne, die Sie zur Verfügung haben (auch, wenn es nur die Stirnseite eines kleinen Konferenzraumes ist). Nehmen Sie den gesamten Raum ganz selbstverständlich und sinnvoll für sich ein – was nicht bedeutet, dass Sie einfach nur rastlos auf- und abwandern, wie Sie es vielleicht von zahlreichen, in ihr Metier versunkenen Rednern kennen. Ganz im Gegenteil soll jede Ihrer Bewegungen Sinn haben: Entfernen Sie sich etwa von der Flipchart, wenn Sie Distanz zu einem Problem ausdrücken wollen, gehen Sie auf Ihr Publikum zu, wenn Sie die Ansprache intensivieren möchten, wandern Sie Richtung Fenster, wenn Sie beiläufiger wirken möchten, verdecken Sie die Flipchart, wenn Ihr Gesagtes im Vordergrund stehen soll. Was Überraschungen angeht, haben diese eine recht starke Wirkung und sie sollten deshalb wohldosiert und präzise zielgerichtet eingesetzt werden. Sie haben hier unzählige Möglichkeiten: Bereiten Sie etwa eine Flipchart vor, auf der bereits etwas gezeichnet oder geschrieben ist, was Sie jedoch unauffällig überklebt haben, sodass Ihr Publikum meint, ein weißes Blatt vor sich zu haben. Beschriften Sie das Blatt, wie Sie es geplant haben, und zu einem unerwarteten Zeitpunkt reißen Sie die Überklebung ab – etwa, um einen Bruch zwischen Darunter- und Darübergeschriebenem zu unterstreichen oder eindrücklich eine bestimmte unausweichliche Folge aufzuzeigen. Oder Sie bearbeiten vor Ihrem Publikum einen Papierbogen, erläutern ruhig und unauffällig alles, was Sie notieren – und dann reißen Sie das Papier schwungvoll herunter, knüllen es zusammen und werfen es in die Ecke. So können Sie etwa aufrüttelnd auf falsche Vorstellungen, ungünstig etablierte Gewohnheiten oder häufig gemachte Fehler aufmerksam machen. Sie merken: Schritt für Schritt nähert Ihre Flipchartpräsentation sich von einer nüchternen Lehrveranstaltung einem unterhaltsamen Theaterstück an – und genau so soll es sein! Mit Ihrer Präsentation möchten Sie Wissensvermittlung und Unterhaltung zusammenbringen, um Ihr Publikum zu fesseln und mitzureißen. Das erhöht nicht nur maßgeblich die Merkfähigkeit, sondern lässt Sie selbst in einem äußerst vorteilhaften Licht dastehen: Man nimmt Sie wahr als jemanden, der besonnen und übersichtsvoll die Fäden in der Hand behält, souverän agieren und reagieren kann sowie professionell und sachkundig ist.

SYMBOLE, VISUALISIERTE NOTIZEN UND DIE KÖNIGSDISZIPLIN SKETCHNOTING

Nun haben Sie bereits alle möglichen Kniffe und Hilfestellungen kennengelernt und wollen wahrscheinlich endlich den Pinsel bzw. Stift schwingen – also legen wir los mit praktischen und direkt umsetzbaren Zeichentipps. Ein großer Teil der Zeichnungen in Flipchartpräsentationen erschöpft sich in Symbolen und Zeichen, die jedem vertraut sind. Schwierig zu zeichnen sind sie nicht und mit ein wenig Übung können Sie schon bald auf eine umfangreiche visuelle Bibliothek zurückgreifen. Sinnvoll ist es, sich ein persönliches Zeichenrepertoire zu entwickeln, in dem sich Symbole für Dinge oder Verbindungen finden, die Sie immer wieder ausdrücken wollen. Im Folgenden werden nun die häufigsten Symbole und Bildchen aufgezählt, mit denen Sie bereits eine Menge eigentlich Gesprochenes visualisiert darstellen können. Wichtig ist nun vor allem eines: Entwickeln Sie dabei Ihren eigenen Stil. Bei vielen Symbolen fragen Sie sich vielleicht, wie um Himmels Willen Sie so etwas Schlichtes überhaupt personalisieren sollen – etwa ein Pluszeichen für „positiv“ – aber tatsächlich ist es auch hierbei möglich und empfehlenswert. Denn schließlich sollten Sie einen durchgängigen Stil entwickeln, der erstens zu Ihnen passt und Ihnen gefällt und zweitens auch zu einer Art Markenzeichen werden kann. Und es gibt bei den einfachsten Zeichen einiges an Optionen, bleiben wir einmal beim +: Sie können beispielsweise jede Linie mehrfach zeichnen und es bewusst ein wenig kritzelig wirken lassen, Sie können Silhouettenschrift wählen und hierbei die Ecken abrunden oder kantig lassen, Sie malen das Symbol eher klein, gedrungen und rundlich oder langgestreckt und schmal, die Umrandungslinien können dick oder dünner ausfallen. Wählen Sie eine grafische Variante, die Ihnen zusagt, und behalten Sie diese bei. Beginnen wir also mit dem ersten Zeichen, dem Plussymbol. Verwenden Sie es, um Positivpunkte hervorzuheben und Vorteile zu benennen, der Gegenpol ist natürlich das Minussymbol. Das Gleichheitszeichen aus zwei parallel liegenden waagrechten Strichen verwenden Sie im Sinne von „d. h.“ oder, um tatsächliche Gleichheit oder Gleichbedeutung zweier Dinge auszudrücken. Möchten Sie hingegen einen Unterschied oder gar Gegensatz ausdrücken, malen Sie einen Pfeil, der in beide Richtungen zeigt, also an beiden Enden der Linie einen Pfeil hat. Für einige weitere Hinweise können Sie in optischer Hinsicht auf die Straßenverkehrsordnung zurückgreifen: Ein dickes Ausrufezeichen in einem aufgerichteten Dreieck zeigt an, „wichtig!/unbedingt merken bzw. beachten!“. Zur Warnung dient ein zackiger, nach unten gerichteter Blitz: „Vorsicht!/Gefährlich! /Hier bitte gut aufpassen!“. Sehr gefragt ist ebenfalls das Fragezeichen. Hier lohnt es sich, eine schöne, wirklich bildlich ausgearbeitete Variante zu entwickeln, die Sie dann an vielen Stellen immer wieder einsetzen können, um beispielsweise auszudrücken, dass etwas noch nicht ganz klar ist, dass hier eine bestimmte Frage gestellt werden sollte oder dass man etwa auf Widersprüche oder Merkwürdigkeiten gestoßen ist, die es zu hinterfragen gilt. So unscheinbar das Fragezeichen an sich wirkt, so mächtig ist es doch, wenn es wirklich vom Buchstaben zum Bild wird. Gerade innerhalb geschriebenen Textes fällt es deutlich auf und die meisten Zuhörer sind darauf trainiert, auf dieses Zweifelssymbol zu reagieren und es abzuspeichern. Um Kontraste oder Gegensätze anzuzeigen, können Sie eine beliebige geometrische Form in zwei Hälften teilen, dann malen Sie die eine schwarz aus, während Sie die andere weiß belassen. Um wichtige Erkenntnisse oder Ideen zu symbolisieren, hat sich die leuchtende Glühbirne bewährt. Waren die bisher genannten Symbole auch für den größten Malmuffel noch ganz intuitiv leicht zu zeichnen, so fragt sich vielleicht der ein oder andere schon, wie er denn eine Glühbirne visualisieren soll, sodass jedem sofort klar ist, dass es sich um eine solche handelt. Das folgende Bild zeigt, dass dies mit wenigen einfachen Strichen leicht für jedermann zu erreichen ist:

Eine Glühbirne, aus der wellige Pfeile schießen, können Sie übrigens ganz wunderbar als Symbol für Brainstorming verwenden. Präsentieren Sie hingegen nicht nur eine Idee, sondern eine Lösung, so bietet sich ein

Schlüssel als Repräsentativsymbol an. Auch den können Sie unterschiedlich komplex, aber immer deutlich erkennbar zeichnen, wie die folgenden Beispiele zeigen:

Möchten Sie ausdrücken, dass andere Personen miteinbezogen werden müssen, also etwa um Erlaubnis oder Rat gefragt oder auch nur benachrichtigt werden, so können Sie dies mit einem Telefonsymbol ausdrücken:

Und schließlich das vielleicht bekannteste Symbol: Smileys bzw. Emoticons. Hier verfügen Sie am besten über eine Palette an bestimmten Emoticons, deren Ausdruck immer wieder nützlich ist, und finden Ihren ganz persönlichen Stil. Entweder Sie probieren selbst herum, bis Sie ein Gesicht gezeichnet haben, das die entsprechende Emotion gut transportiert, oder Sie stöbern in den zahllosen Vorschlägen herum, die Sie im Internet finden können, und stellen sich so Ihre eigene Ausführung zusammen. Ein Tipp, falls Sie zu den Menschen gehören, die ratlos sind angesichts der Herausforderung, zeichnerisch eine Empfindung abzubilden: Die entscheidenden Elemente sind stets die Form des Mundes, der Augen und schließlich der Augenbrauen bzw. deren Stellung zueinander. Für die meisten Emoticons wird in erster Linie an diesen Stellschrauben gedreht, achten Sie einmal darauf, wenn Sie sich selbst daran versuchen. Eine sinnvolle Bibliothek wäre: Ein Gesicht, das Freude ausdrückt und das Sie für Lob, Anerkennung, Zustimmung etc. verwenden. Dann ein Verärgertes, das bei Misserfolg oder Fehlverhalten zum Einsatz kommt sowie ein Trauriges für Scheitern, Enttäuschungen oder ungünstig geendete Versuche. Für so manche Präsentation reichen diese Emoticons bereits völlig aus, je nachdem, was Ihr Thema ist, können Ihnen weitere aber nützlich sein. Denken Sie darüber nach, was Sie benötigen, und erweitern Sie Ihr Repertoire entsprechend. Dies sind zum Beispiel Fälle, in denen Sie sich mit sozialen Prozessen und Interaktionen beschäftigen, bei denen also Emotionales bereits im Mittelpunkt steht. Gut gestalteten Emoticons kommt hierbei eine herausragende Bedeutung zu: Ein treffend gezeichneter Gesichtsausdruck vermittelt oft viel präziser und facettenreicher eine bestimmte Empfindung, als selbst ausführliche Erklärungen das tun könnten. Und: Menschen reagieren intuitiv, unwillkürlich und sehr stark auf Gesichtsausdrücke. Diese Eigenschaft ist evolutionär tief in uns verwurzelt und garantiert letztlich nicht weniger als unser Überleben als hochsoziale Wesen, diese Wirkung können Sie sich zunutze machen. Die Verarbeitungs- und Merkfähigkeit steigert sich enorm, wenn es Ihnen gelingt, dies über emotionale Kanäle zu erreichen. Eine Beispielauswahl als Emoticondesigns finden Sie in dieser Grafik, allerdings bietet das Internet eine schier unendliche Fülle und es lohnt sich definitiv, hier auf die Suche nach denjenigen zu gehen, die eine bestimmte Emotion für Sie persönlich am besten transportieren. Denn auch, wenn solche Gesichtsausdrücke universal verständlich sind, sind sie doch nicht bei allen Menschen gleich, sondern im Gegenteil höchst individuell und wenn Sie ein Emoticon verwenden, das für Sie ganz präzise Ihre Vorstellung vom betreffenden Gefühlszustand repräsentiert, stimmt es mit Ihrem Auftreten und Ihrer Person überein und verstärkt die Authentizität Ihres Auftretens.

Die hier dargestellten Emoticons folgen einer sehr schlichten Zeichenweise und sind leicht nachzuahmen. Natürlich geht es auch weitaus aufwändiger – für was Sie sich entscheiden, hängt von Ihren Vorlieben ab und davon, wie viel Lust Sie haben, sich in das Erlernen einiger Zeichentechniken einzuarbeiten. Es steht jedoch fest, dass die Ausdrucksstärke keinesfalls zwingend mit der Komplexität korreliert.

Darüber hinaus kennt das Internet für fast jedes Schlagwort ein passendes Zeichen. Stöbern Sie durch die Bildvorräte des Netzes, suchen Sie sich die passenden Zeichen heraus – auch hochspezifische Symbole lassen sich finden – und vielleicht entwickeln Sie im Laufe der Zeit genug Sicherheit in Bezug auf Ihre Zeichenkünste, um Ihre eigenen Symbole zu entwerfen.

Kommen wir nun am Ende dieses Kapitels noch zu einer ganz besonderen Form der Visualisierung, man könnte sagen: der Reinform der Visualisierung. Sogenannte Sketchnotes bringen das visualisierte Präsentieren von Informationen auf ein ganz neues Level, sie sind genau das, was ihre englische Bezeichnung bereits besagt: visualisierte Notizen. Statt einer kurzen Notiz, die wir üblicherweise mit Worten schnell irgendwo hinkritzeln – „unbedingt Finanzamt anrufen!", „14 h Impftermin Kinderarzt", „Milch, Eier und Spülmittel kaufen" – lassen sich nämlich auch problemlos kleine Bildchen verwenden, um die wichtige Nachricht zu notieren. Es gibt kaum etwas, was sich damit nicht gut „aufschreiben" ließe, denn Sie können auf Symbole oder richtige kleine Zeichnungen zurückgreifen, aber ebenso auf bildgewordene Schrift, indem Sie etwa ein Schlüsselwort in dreidimensionaler, kunstvoller Schrift notieren, die an sich schon eine Zeichnung darstellt. Solche Notizen lassen sich in so ziemlich jeder Situation verwenden, warum sie bei einer Flipchartpräsentation ganz besonders günstig wirken, können Sie sich mittlerweile ausrechnen: Visuell transportierte Information speichert sich um einiges besser ab – Double Coding, wir erinnern uns! – und bleibt leichter und länger im Gedächtnis. Zudem wirkt es auflockernd, interessant und abwechslungsreich und fordert das Auge mit stets neuen optischen Reizen. Die Vorgehensweise dabei ist denkbar einfach: Alles, was Sie sonst schreiben würden, zeichnen Sie. Falls Sie diese Vorstellung zunächst völlig überfordert, seien Sie beruhigt: Es ist Teil des Erfolgskonzepts der Sketchnotes, dass es um einiges einfacher ist, als Sie glauben. Am besten und effizientesten tasten Sie sich im Übrigen an die Sache heran, wenn Sie sich in ganz unbedeutendem

Kontext die Aufgabe auferlegen, beispielsweise einen Tag lang alles bildlich zu notieren. Sie werden rasch beginnen, in Bildern zu denken, und dabei ganz nebenbei den wichtigsten Schritt tun: Alle Informationen auf den wirklich wichtigen Kern herunterbrechen. Bleiben wir einmal bei den vorherigen Beispielen. Statt „unbedingt Finanzamt anrufen!“ zeichnen Sie die Notiz und fragen sich zunächst, welches die unverzichtbaren Elemente in der Botschaft sind: anrufen, Finanzamt. Dann überlegen Sie sich, wie das visuell darzustellen wäre und zeichnen vielleicht einen Telefonhörer und daneben ein Haus mit einem €-Zeichen. Wenn Sie den Aspekt der Dringlichkeit noch mit hineinbringen wollen, könnten Sie ein dickes Ausrufezeichen malen oder ein Emoticon, das aufgeregt oder streng guckt. Und schon ist sie fertig, die Sketchnote! Stellen Sie sich einige Zeit bewusst der Herausforderung, alles auf diese Weise zu notieren, und Sie werden rasch feststellen, dass Ihr Denken sich neu strukturiert und an die visuelle Dimension anpasst. Auch hier gilt ganz klar: Nicht die großartige Kunst ist gefragt, nicht das herausragende Zeichentalent, ganz einfache und schlichte Notizen sind völlig ausreichend. Vergessen Sie nicht, auch hier stets mit Schwarz zu zeichnen, wenn Sie möchten, können Sie im zweiten Schritt mit Farben Akzente setzen und bestimmte Aspekte hervorheben. Verwenden Sie die Sketchnotes in Ihrer Präsentation, um die Dynamik Ihres Vortrags zu steigern und Abwechslung in die optische Gestaltung zu bringen. Besonders souverän und überlegen wirken Sie, wenn es Ihnen gelingt, Beiträge Ihres Publikums einmal eben zeichnerisch zu notieren – es lohnt sich, diese Fähigkeiten auszubauen!

Ein einfacher Zeichentipp: Nie ganz ausmalen! Wenn Sie also etwa ein Herz mit schwarzem Rand gezeichnet haben und es rot färben wollen, färben Sie nicht die ganze Innenfläche. Deuten Sie das Kolorieren nur an, lassen Sie freie Räume oder schraffieren Sie. Dasselbe gilt übrigens auch für Silhouettenschrift, die Sie farbig gestalten. So mancher Profi schwört übrigens für rasche Akzentsetzung auf Wachsmalblöcke – probieren Sie es einmal aus!

Und ganz am Schluss ein Geheimtipp für gänzlich Ungeübte: Drucken Sie aus, was Sie lernen möchten, zu zeichnen, und fahren Sie die strukturgebenden Linien mit schwarzem Filzstift nach, sodass sie durch ein darübergelegtes Blatt Papier scheinen (besonders gut geht das, wenn Sie beide Blätter übereinander auf ein Fenster kleben und also Licht durchscheinen lassen). Und dann zeichnen Sie auf dem darüberliegenden Blatt die Linien nach. So bekommen Sie ein erstes Gespür für die Linienführung. Beim nächsten Versuch pausen Sie schon weniger Linien ab und ergänzen den Rest freihändig. Tasten Sie sich so schrittweise vor bis zur tatsächlichen freihändigen Zeichnung. Auf diese Weise lassen sich beeindruckende Fähigkeiten entwickeln.

EMOTIONEN DURCH VISUALISIERUNG ERZEUGEN

Dass nichts Informationen eindrücklicher und nachhaltiger transportiert als Emotionen haben wir bereits festgestellt. Doch gleichzeitig sind Emotionen bzw. das Heraufbeschwören selbiger eine ziemlich komplexe Angelegenheit, wie jeder weiß, der schon einmal in einer Beziehung war, Familie oder Freunde hat – also jeder sozial lebende Mensch. Und auch, wenn es für das Emotionsleben des Partners leider keine Bedienungsanleitung gibt, gestaltet sich die Sache bei der Flipchartpräsentation ungleich einfacher. Denn hier gibt es ganz konkrete Schlüsselelemente, die erwiesenermaßen bestimmte emotionale Reaktionen im Zuhörer hervorrufen, und diese sind gezielt und einfach einsetzbar. Simpel und zugleich äußerst wirkungsvoll ist der gezielte Einsatz von Farben, was sicherlich keine Neuigkeit ist, aber doch einiges mehr bietet, als man zunächst annehmen würde. Unternehmen wir also einen kurzen Exkurs in die Welt der Farbenlehre. Sie können zu jeder Farbe ausführliche Erläuterungen finden, welche psychologischen Mechanismen damit in Verbindung zu bringen sind, fürs Erste reichen jedoch eine grobe strukturierte Einteilung sowie das Hervorheben einiger besonderer Farben. Beginnen wir mit den warmen Farben, also sämtlichen Rot-, Orange- und Gelbtönen. Ihre Betrachtung erzeugt im Menschen ebenfalls warme Gefühle von etwa Glück, Ausgeglichenheit, Zufriedenheit, Geborgenheit oder Optimismus. Allerdings kommt ihnen – und ganz besonders Rot – eine weitere starke Funktion vor: Die Natur hat sie als Warnfarben eingerichtet. Dies ist übrigens ein hervorragendes Beispiel dafür, durch welch starke Mechanismen die psychische Reaktion auf Farben in uns verankert ist, denn zumeist ist diese Verknüpfung Ergebnis evolutionärer Entwicklungen und hat konkrete Hintergründe in der Natur. Ein leuchtendes Rot warnt Fressfeinde vor Giftigkeit der Beute und auch der Mensch hat unwiderruflich abgespeichert, das Rot zunächst „Gefahr" bedeutet. Diesen Effekt macht man sich längst zunutze, denken Sie nur an alle möglichen Warnschilder, die meist in leuchtendem Rot oder Orange gestaltet sind. Kühle Farben hingegen wirken weniger anregend, sondern eher beruhigend und dimmend. Auch Klarheit und ein bestimmter Reinheitsaspekt werden damit gerne in Verbindung gebracht, weswegen etwa die Kosmetik- oder auch Gesundheitsbranche gerne mit Farben dieses Spektrums arbeitet. Diese sind im Wesentlichen Blau, Grün und Lila, denen jeweils einzeln besondere Eigenschaften zukommen. Lila etwa ist ein Spezialfall, da es in sich Blau und Rot vereint und somit beruhigende mit aktivierenden Noten kombiniert – kein Wunder, dass es die Farbe schlechthin für Kreativität ist und also im künstlerischen Bereich häufige Verwendung findet, aber auch überall dort, wo Menschen angeregt werden sollen, Ideen oder Lösungen zu entwickeln. Gerade in interaktiven Phasen einer Flipchartpräsentation können Sie sich diesen Effekt gut zunutze machen. Grün steht für Gesundheit und Leben und hat eine belebende Wirkung, Blau hingegen animiert den Körper, Hormone zu produzieren, die beruhigend wirken. Auch strahlt Blau Professionalität aus und gerade hellere Nuancen wirken zusätzlich lockernd und entspannend. Werfen Sie einmal einen Blick auf die Designs von Facebook und einigen anderen großen Plattformen, dort wird Blau gerne genutzt. Weiterhin gilt: Helle, intensive, leuchtende Farben wirken fröhlich, dunkle und gedeckte Farben vermitteln Ernsthaftigkeit und auch Traurigkeit. Zudem hat natürlich die Kombination verschiedener Farben eine entscheidende Wirkung. Viele möglichst verschiedene intensive Farben wirken fröhlich und belebend, auch, wenn dann etwa dunkle Blautöne darunter sind. Ein einzelner dunkler Farbton hingegen reicht noch nicht aus, um eine Atmosphäre von Bedrücktheit oder Trauer zu kreieren, kombinieren Sie hingegen verschiedene dunkle und gedeckte Farben, etwa dunkle Blau- und Grüntöne mit Grau und gar Schwarz, werden Sie unweigerlich einen solchen Effekt erzeugen. Besondere Vorsicht gilt übrigens mit Neonfarben: Sie sind natürlich sehr geeignet, um Aufmerksamkeit zu erregen, ihr übermäßiger Gebrauch wirkt jedoch schnell billig und unprofessionell, außerdem wird das Auge leicht überreizt. Verwenden Sie solche Farben sparsam, gezielt und am besten im Kontext einer sonst sehr sauberen, klaren und am besten weitgehend schwarzen Grafik oder Schrift. Auch Rot oder Orange als Signalfarben sollten Sie nicht im Übermaß einsetzen, ansonsten verwässert sich die Wirkung und die Optik wird anstrengend.

Doch es sind nicht nur Farben, die einen unmittelbaren Einfluss auf das emotionale Empfinden des Betrachters haben. Längst legen Designer, Innenarchitekten und Möbelkonstrukteure ihren Fokus auf die psychologische Wirkung bestimmter Grundformen. Generell gilt: Alles, was eckig und kantig ist, ruft Assoziationen von Stabilität, Verlässlichkeit und Sicherheit im Menschen hervor, insbesondere rechte Winkel haben diesen Effekt. Somit sind Dreiecke eine besondere Variante, in ihrer Form steckt deutlich mehr Unruhe und Herausforderung, sie stechen hervor und nicht zuletzt deshalb setzt etwa auch die Straßenverkehrsordnung auf Dreiecke, um warnend Aufmerksamkeit zu erregen. Rechtecke sind zudem der Fokussierung zuträglich und helfen dabei, ein klares, professionelles Gesamtbild zu erzeugen. Ganz anders runde Formen: Sie kennen wir aus der Natur, wo die allermeisten Dinge zwar keine perfekten Kreise sind, aber runde Formen definitiv das bestimmende Element, denken Sie an Gesichter, Pfoten, Blätter, Baumstämme, Wolken oder Wellen. Und der Kreis an sich ist längst das allgemein bekannte Symbol von Einheit, Kreisläufen, Zeitlosigkeit oder sogar Unendlichkeit. Runde Formen sind Zeichen der Sinnlichkeit und klassischerweise auch der Weiblichkeit, wohingegen Männlichkeit mit Eckigem assoziiert wird. Kreise sind also sehr geeignet, um Akzente innerhalb einer sonst eckigen und damit strenger wirkenden Ansicht zu erzeugen, eine Grafik oder Flipchartseite, auf der runde Formen dominieren, wirkt hingegen verspielter und in Maßen auch dynamischer. Nicht in den Hintergrund geraten sollte dabei die Tatsache, dass rechteckige Formen stark zu Klarheit und Übersichtlichkeit beitragen, für eine visuelle Darstellung aus hauptsächlich oder gänzlich runden Formen sollte demnach eine bestimmte Absicht vorliegen.

Und schließlich: Emoticons. Dass es hier um Emotionen geht, steckt bereits im Wort und wie und weshalb sie wirken, wurde bereits erläutert, deshalb hier nur noch ein paar generelle Grundregeln zum Einsatz solcher Gesichter. Setzen Sie Emoticons gezielt ein. Wenn Sie eine ganz bestimmte Emotion vermitteln wollen oder wenn der dramaturgische Aufbau Ihrer Präsentation eine kleine Auflockerung vorsieht oder Sie einen ganz bewussten Bruch mit einer bislang sehr nüchternen Grafik erzeugen möchten, sind Emoticons ein tolles und sinnvolles Mittel. Was Sie hingegen vermeiden sollten, ist, die kleinen Dinger einzustreuen, weil Ihnen nichts Besseres einfällt oder weil Sie damit einfach nur Lockerheit oder sogar die Zugeneigtheit Ihres Publikums erwirken möchten. Solche Versuche wirken meist unsicher und beliebig, also verzichten Sie ohne konkreten Grund besser darauf. Und in jedem Falle gilt: Überfluten Sie Ihre Präsentation bloß nicht mit Emoticons, auch wenn es verlockend sein kann, die witzigen Gesichter einzustreuen – und zugegeben, es macht auch Spaß. Allerdings wirkt eine solche Präsentation irgendwann vor allem albern und unprofessionell. Das richtige Maß an Emoticons hängt natürlich auch stark von der Zielgruppe ab, ganz grob lässt sich sagen: Je jünger das

Publikum, je lockerer die Ansprache und je leichter, animierender und fröhlicher das Thema, desto mehr Emoticons sind erlaubt. Andersherum: Eine Veranstaltung für die Managementebene eines Betriebs, bei dem aktuelle Umsatzzahlen präsentiert werden, oder ein Vortrag vor Angehörigen von Demenzkranken verträgt nur ein deutlich eingeschränktes Maß an gezeichneten Gesichtern. Denn auch traurige oder wütende Emoticons bringen eine gewisse Lockerheit mit sich, die definitiv nicht immer angebracht ist.

Moderieren und Präsentieren mit Flipcharts

An Ihren Zeichenfähigkeiten haben wir nun bereits gefeilt und Sie haben Strategien kennengelernt, um einzelne Grafiken zu erstellen, sinnvoll einzusetzen und damit abgerundete, ansprechende Flipchartseiten zu erstellen, die Dynamik und Verhältnismäßigkeit wahren. Nun geht es im letzten großen Kapitel des Buches um die höchste Ebene bzw. die größte Dimension der Flipchartpräsentation. Hier steht nun die tatsächliche Präsentation bzw. deren sinnvoller Ablauf im Vordergrund, denn die schönste Skizze nützt Ihnen nichts, wenn Sie sich in einem planlosen Vortrag verliert. Sehen wir uns also im Folgenden genauer an, worauf es im Großen und Ganzen dann schließlich ankommt.

SMARTE ZIELE, SMARTE METHODEN, GRUPPENSPEZIFISCHE AKTIVIERUNG: WIE SIE WAS BEI WEM ZIELFÜHREND ANSPRECHEN

Zunächst einmal gilt es, die größte und zugleich am einfachsten erscheinende Frage zu beantworten: Was will ich eigentlich erreichen? Über weite Teile dieser Fragestellung wurde bereits im Kapitel über die gruppen- und themenspezifische Visualisierung gesprochen, hier lag der Fokus noch auf den tatsächlichen grafischen und optischen Details. Die Grundüberlegungen bezüglich der Zielgruppe und deren jeweiliger individueller Ansprache bleiben jedoch die Gleichen, es geht nun aber zusätzlich darum, die gesamte Methodik darauf auszurichten. Lesen Sie gerne noch einmal die Einzelheiten im entsprechenden Kapitel nach und beantworten Sie die relevanten Fragen im Kontext all der Techniken und Methoden, die Sie nun kennengelernt haben. Was möchten Sie erreichen? Soll Ihr Publikum überzeugt werden? Aufgerüttelt? Überfordert? Unterhalten? Möchten Sie Sympathien wecken? Meinungen ändern? Sachlich informieren? Als Nächstes ist eng damit verbunden die Frage, wie Sie als Referent dann auftauchen und gesehen werden möchten. Als professioneller Dienstleister? Als Experte? Als Kollege auf Augenhöhe, der lediglich ein paar zusätzliche Informationen an der Hand hat? Als Vertrauensperson? Als Verbündeter? Als involviert oder distanziert? Und schließlich erneut die Frage nach der Zielgruppe: Ist Ihr Publikum jung, alt, wird es durch ein bestimmtes Thema verbunden, ist es interessiert, ablehnend, freiwillig da oder gezwungen, hat es Vorwissen oder nicht etc.? All diese Fragen stehen natürlich in engem Zusammenhang miteinander und Sie können sich ausrechnen, dass sich letztlich für jede einzelne Präsentation eine neue Gesamtsituation ergibt und es demzufolge auch kein Patentrezept für die jeweilige Gestaltung geben kann. Um Ihnen trotzdem eine Entscheidungs- und Entwicklungshilfe mit an die Hand zu geben, möchte ich mit Ihnen die

Überlegungsschritte an einem fiktiven Beispiel durchgehen. Nehmen wir an, Sie werden von einem Unternehmen, das Autoteile fertigt, angefordert, um dort einen Vortrag über Burn-Out-Prävention im Arbeitsleben zu halten. Damit ist die Zielgruppe in einiger Hinsicht klar: berufstätige Erwachsene. Als Nächstes sollten Sie sich einige Zusatzinformationen beschaffen: Gibt es eine bestimmte Altersgruppe? Welche Art der Arbeit wird von den Zuhörern verrichtet? Sind die Angestellten verpflichtet, Ihrem Vortrag beizuwohnen? Gab es einen konkreten Anlass, sich für eine solche Präsentation zu interessieren? In unserem Beispiel erhalten Sie die Auskünfte, dass es sich um Mitarbeiter aus der Produktion handelt, die Altersgruppe ist sehr heterogen, die Teilnahme ist freiwillig und es handelt sich um eine von mehreren Maßnahmen des Unternehmens, um ganz allgemein und präventiv Gesundheit und Work-Life-Balance der Angestellten zu fördern. Damit haben Sie schon einige äußerst wertvolle Informationen, anhand derer Sie Ihre Mittel und Ihren Ansprache-Stil ausrichten können. Es handelt sich also um eine Veranstaltung unter positiven, motivierenden Vorzeichen, Ihr Publikum besteht aus Mitarbeitern, die eher einfache, dafür körperlich anstrengende Arbeit verrichten, jeder, der kommt, wird freiwillig dort sein und es gibt keinen Anlass, der berücksichtigt werden müsste. Dadurch können Sie in erster Linie einiges ausschließen: Sie müssen nicht darauf achten, eine gewisse Schwere oder Ernsthaftigkeit zu wahren, wie es etwa der Falle wäre, wenn der Vortrag aufgrund einer Häufung von Burn-Out- oder Depressionen zustande gekommen wäre. Ebenfalls wird kein medizinisch hochkomplexer Vortrag von Ihnen erwartet werden und auch eine Fülle an präzisen Zahlen, Daten und Fakten wird nicht gefragt sein. Genauso wenig haben Sie die Aufgabe, unwillige Zuhörer erst einmal davon zu überzeugen, Ihnen doch wenigstens probeweise einmal ihr Gehör zu leihen. All das grenzt die Auswahl Ihrer Mittel schon deutlich ein. Denken Sie etwa an die Farbauswahl: Es bietet sich an, den Beginn der Präsentation in Farben zu halten, die Seriosität ausstrahlen, und dann im Verlauf des Vortrags zur Palette fröhlicher, motivierender Farben zu greifen. Ganz anders verhielte sich die Sache, wenn etwa eine Häufung psychischer Erkrankungen der Anlass gewesen wäre: Hier müssten Sie unbedingt darauf achten, unpassend farbenfrohe Visualisierungen zu vermeiden, und sich stattdessen an die gedeckten, dunklen Töne halten. Auflockerung, Emoticons und überraschende, gar witzige Effekte können Sie hier gerne einsetzen, denn schließlich lautet die Grundaussage der Veranstaltung in etwa: Uns geht's recht gut und wir möchten uns Mühe geben, dass es auch so bleibt. Ebenso selbstverständlich: Smileys und Lockerungsübungen sollten deutlich weniger eingesetzt werden, als wenn Sie etwa vor Jugendlichen sprächen. Auch die Auswahl von Grafiken ergibt sich aus diesen Parametern. Hochkomplexe Diagramme sind fehl am Platz, mittelkomplexe Darstellungen bieten sich hingegen an, um einzelne konkrete Bereiche abzudecken und durch vernünftige, verlässliche Datenlage Seriosität zu erzeugen. Sie dürfen dem Publikum zudem einiges an Informationen zumuten, da Sie nicht die Aufgabe haben, erst einmal eine ablehnende Grundhaltung zu überwinden. Was Sie sich dann noch überlegen sollten, ist das Ausmaß der Einbeziehung des Publikums, was in erster Linie von Ihrem Konzept abhängt. Wenn Sie das Publikum aktivieren möchten, eigen Beiträge zu liefern und den Vortrag mitzugestalten, dann wählen Sie Ihre Mittel entsprechend, genauso, wenn Sie in erster Linie einen Vortrag halten möchten. Die Devise lautet ganz grundsätzlich: Setzen Sie sich ein smartes Ziel und wählen Sie dann smarte Mittel, um dieses Ziel zu erreichen. Also nicht, „Ich möchte dem Publikum etwas über Burn-Out-Prophylaxe beibringen", sondern vielleicht, „Ich will die Leute animieren, rauszugehen und sich konkrete Maßnahmen zu überlegen, die sie jetzt und sofort in ihren Alltag einbauen, um damit ihre psychische Verfassung zu stärken", oder, „Ich will die Leute dazu bewegen, miteinander und mit mir in eine lebhafte Diskussion über die alltäglichen Möglichkeiten, etwas für seine psychische Ausgeglichenheit zu tun, zu geraten". Und anhand dieses Ziels wählen Sie dann Ihre Mittel – anregend, belustigend, herausfordernd, belehrend.

GEMEINSAMES BRAINSTORMING UND WEITERE GRUPPENPROZESSE INITIIEREN

Ein Sonderfall dieser Anforderungen bzw. Ziele ist die Absicht, das Publikum miteinzubeziehen. Hier gibt es im Wesentlichen zwei Richtungen: Wollen Sie, dass das Publikum mit Ihnen interagiert oder möchten Sie Interaktion zwischen den einzelnen Publikumsmitgliedern erwirken? Die beiden Absichten gehen oftmals Hand in Hand, werfen wir also einen Blick auf die Frage, mit welchen Flipchartgestaltungen Sie diese Dynamiken erzeugen können. Zu Beginn bietet es sich an, gemeinsam mit dem Publikum die Themen und Subthemen des Vortrags zu brainstormen. Nutzen Sie hierfür etwa Mind-Map oder Concept Map und überlegen Sie sich im Voraus, welche Inhalte vermutlich auftauchen werden bzw. in welche Richtung Sie die Diskussion durch entsprechende Fragen lenken möchten. Diese beiden Techniken können Sie auch während Ihrer Präsentation immer wieder verwenden, um gemeinsam mit Ihrer Zuhörerschaft Ideen zu sammeln, zusätzlich ist insbesondere das Cluster ein hilfreiches Tool. Lassen Sie auf diese Weise Ideen, Lösungsvorschläge, Anregungen oder auch Probleme zusammentragen und fungieren Sie hauptsächlich als Stift, indem Sie das Gesammelte schriftlich (oder zeichnerisch) festhalten. Entscheiden Sie vorab, ob Sie dem Publikum völlig freie Hand lassen möchten und die Ergebnisse erst im Nachhinein strukturieren – oder eventuell gar nicht – oder ob Sie bereits während der Diskussionen einzelne Beiträge kontextualisieren möchten oder durch Suggestivfragen eine bestimmte Richtung einschlagen.

Vielleicht möchten Sie auch während Ihres Vortrags eine Phase stattfinden lassen, in der die Zuhörer miteinander arbeiten. Dann empfiehlt es sich, die Flipchart zunächst zu nutzen, um den genauen Arbeitsauftrag festzuhalten und eventuell die nötigen Informationen zur Verfügung zu stellen. Dann können Sie Ihre Teilnehmer etwa anweisen, eine bestimmte Aufgabe zu bearbeiten oder zu einer Frage Ideen zu sammeln, anschließend nutzen Sie erneut die Flipchart, um die so entstandenen Ergebnisse allen zugänglich zu machen. Hierfür eignen sich erneut die bereits beschriebenen Techniken, auch Tabellen sind hier oft sinnvoll. Genauso gut können Sie einzelnen Gruppen auch die Aufgabe zuweisen, eben solche Grafiken selbst zu erstellen und anschließend diese Ergebnisse vor dem Plenum zu präsentieren. Wichtig ist hier vor allem eine anregende Gestaltung: Arbeiten Sie mit zahlreichen Symbolen, gerne Emoticons, und motivierenden, anregenden Farben. Ein Schlüsselbegriff für diese Art der Zusammenarbeit einzelner Teilnehmer sind die sogenannten kooperativen Methoden bzw. das kooperative Lernen. Es richtet sich stets an der Struktur „Nachdenken/ Einzelüberlegungen" – „Austausch innerhalb einer Gruppe" – „Präsentation der Ergebnisse im Plenum" aus, auch als „think-pair-share" bezeichnet. Teilnehmer sind demnach zuerst gefordert, für sich selbst zu brainstormen, dann im Kontext einer vorgegebenen Gruppe auf Basis der individuell entwickelten Gedanken diese Überlegungen weiterzuführen und anschließend das gemeinsam Erarbeitete allen Anwesenden zur Verfügung zu stellen. Diese kooperativen Methoden haben einige unschlagbare Vorteile. Erstens: Jeder muss mitmachen, egal, wie motiviert oder lustlos er ist. Der individuelle Beitrag mag entsprechend unterschiedlich ausfallen, völliger Rückzug Einzelner ist aber kaum möglich. Zweitens: Die mehrstufige, aktive und intensive Auseinandersetzung mit einem Thema fördert die tatsächliche Durchdringung der Inhalte und begünstigt das Entwickeln tatsächlich neuer Ansätze. Drittens: Auch zurückhaltendere Teilnehmer können auf diese Weise beitragen, gerade solche, die sich interessieren und zur Mitarbeit bereit sind, sich aber vor einem konkreten Einzelbeitrag scheuen. Im geschützten Rahmen der Gruppe können sie leichter Gedanken einbringen, vor allem, wenn sie bereits von anderen Gruppenmitgliedern vergleichbare Beiträge gehört haben. Das öffentlich präsentierte Endergebnis der Gruppe müssen sie nicht allein verantworten, was die Angst nimmt, keine gute Leistung erbracht zu haben. Und viertens: Teilnehmer erfahren, wie ihre Beiträge und Ideen in anderen Gruppenmitgliedern Reaktionen auslösen, und sie erfahren ebenfalls ihre Selbstwirksamkeit – ein wichtiger Baustein für das Entwickeln von Zutrauen in eigene Fähigkeiten und Kompetenzen. Versuchen Sie also, solche aktiven, einbindenden Methoden in Ihre Präsentationen einzubinden, wann immer es sich thematisch anbietet. Achten Sie hier jedoch auch auf den Kontext: Einander völlig unbekannte Zuhörer eines öffentlichen Abendvortrags für Betroffene von Demenzerkrankungen haben vielleicht keine Lust, aktivierende Gruppenspielchen zu absolvieren, dafür ist der Anlass zu ernst, zu persönlich und das Publikum zu beliebig. Ebenso hat die Managementebene eines Großbetriebs vermutlich keine Lust auf auflockernde Gruppenarbeit mit der Aufgabe, es soll doch jeder einmal sagen, was ihm zu dem Thema einfällt bzw. wie er es wahrnimmt. Genau solche beliebigen Aufgaben, die letztlich die Wahrnehmung und Empfindungen der Teilnehmer zum Inhalt haben, können an anderer Stelle jedoch Gold wert sein, etwa, wenn Sie mit Schülern über den Umgang mit Mobbing sprechen. Prüfen Sie also stets genau, ob Kontext, Thema und Publikum für solche Prozesse geeignet sind, und wählen Sie dann Ihre entsprechenden Methoden. Als Faustregel kann gelten: Je bekannter die Publikumsmitglieder miteinander sind, desto eher lässt sich Gruppenarbeit initiieren, wenn für das Thema einzelne Erfahrungshorizonte relevant sind, bietet sich der allgemeine Beitrag ebenfalls an, genauso, wenn es gerade darum geht, etwa Zusammenhalt zu stärken oder Konflikte zu lösen. Die Finger davon lassen sollten Sie, wenn Sie keine Informationen über das Publikum und deren Verhältnis zueinander haben, wenn Sie wissen, dass Sie aufgrund einer ausgeprägten Konfliktsituation gerufen worden sind oder wenn das Thema allzu persönliche Preisgabe verlangen würde.

ERFOLGREICH PRÄSENTIEREN: JETZT GEHT ES UM SIE

Nun wissen Sie bestens Bescheid über alle möglichen Techniken, Grafiken, Darstellungsmöglichkeiten, Sie haben Vertrauen in Ihre Zeichenkünste gefunden, das richtige Equipment gewählt – fehlt nur noch das, was tatsächlich vielen Präsentierenden die meiste Angst macht: *Sie* müssen präsentieren. Es ist überflüssig, Sie darauf hinzuweisen, dass die raffinierteste Flipchartpräsentation mit den schönsten Zeichnungen und ausgefeiltesten Tabellen nichts nutzt, wenn der Redner eingefallen, scheu und geduckt irgendwo hinter der Flipchart kauert und ängstlich seinen Text in den Bart murmelt. Ganz am Ende geht es in erster Linie um Sie. Genau das schreckt viele Menschen ab, denn es ist nun einmal eine Tatsache, dass manche ein fantastisches rhetorisches Talent haben und sich wohlfühlen, vor Publikum zu sprechen, während anderen allein die Vorstellung ein Graus ist. Die Ausstrahlung und das Charisma eines Top-Redners lassen sich leider nicht auf Knopfdruck oder per Kurzanleitung herbeizaubern, diesbezüglich sollte man sich keine Illusionen machen. Aber: Für eine rundum gelungene und begeisternde Flipchartpräsentation müssen Sie auch kein Gottschalk sein – und alles darunter können Sie lernen. Tatsächlich gibt es einige ganz konkrete und für jedermann umsetzbare Tipps und Strategien, mit denen Sie die Qualität Ihres Vortrags sofort auf ein neues Niveau heben können.

Thema eins: Die Körpersprache. Sicher haben Sie alle bereits allerhand Weisheiten über dieses Thema gehört und vielleicht auch festgestellt, dass die Ratschläge sich ändern. Mal heißt es, verschränkte Arme signalisieren Ablehnung, dann wieder gelten sie als unproblematisch. Ein paar Grundregeln haben sich jedoch als zuverlässig wirkungsvoll erwiesen und sollten von jedem öffentlichen Redner beachtet werden. Zunächst ist die Haltung entscheidend. Stehen Sie aufrecht auf beiden Beinen, haben Sie einen stabilen, sicheren, freien Stand. Spielbein, ständiges Herumgetänzel, eingefallene Position, hochgezogene Schultern oder verkrampfte

Haltung wirken unsicher und unprofessionell. Völlig bewegungslos und steif auf einem Fleck zu verharren übrigens auch, also bewegen Sie sich am besten locker und natürlich, gerne auch im Raum umher. Das verleiht Ihrem Auftritt Dynamik und Sie strahlen Sicherheit und Verlässlichkeit aus. Achten Sie zudem auf Ihre Hände: In den Hosentaschen haben sie auf gar keinen Fall etwas verloren, wenn Sie sie einfach nur reglos neben sich herabhängen lassen, wirken Sie schlaff und unbeholfen. Bauen Sie Ihre Hände in natürliche Gestik ein, so kleinteilig sie auch sein mag. Gesten sollten übrigens oberhalb der Gürtellinie stattfinden und bitte verzichten Sie auf Gestikulieren mit den Händen oberhalb Ihres Kopfes. Das wirkt übertrieben und affektiert und schadet dem Eindruck Ihrer Seriosität. Viele Redner, die grundsätzlich unsicher sind oder von allerlei Körpersprache-Tipps verunsichert wurden, neigen zu einem weiteren Fauxpas: Sie klammern sich an Tischkanten, Stuhllehnen, das Rednerpult oder im Notfall an einen Stift. Deutlicher können Sie Ihre Unsicherheit kaum zum Ausdruck bringen, also achten Sie darauf, das unbedingt zu vermeiden. Und schließlich der Blick: Blickkontakt beweist Selbstsicherheit, also versuchen Sie möglichst häufig, Ihren Zuhörern in die Augen zu schauen. Die Augen gesenkt halten lässt Sie hingegen wieder ängstlich wirken. Offene Augen und ein klarer Blick vermitteln Zielstrebigkeit und Professionalität, wenn Sie die Lider halb geschlossen lassen, hält man Sie leicht für gelangweilt oder sogar überheblich. Die oberste Regel jedoch lautet: Ihre Körpersprache sollte natürlich sein. Lassen Sie sich nicht zum Einstudieren irgendwelcher Gesten hinreißen, denn egal, wie gut Sie diese üben, man wird Ihnen doch die Künstlichkeit im Verhalten ansehen und Ihr Vortrag verkommt zum albernen, unaufrichtigen Theaterstück.

Kommen wir als Nächstes zur Sprache. Reden Sie ruhig, nicht zu schnell und nicht zu langsam. Gestehen Sie sich Pausen zu, wenn Sie merken, dass Sie zu eilen beginnen oder sich verhaspeln. Zwischendurch durchzuatmen und dann ganz normal weiterzusprechen, nimmt Ihrem Vortrag nichts an Professionalität, sich zunehmend zu verheddern und aufgrund dessen panisch zu werden jedoch schon. Auch die Lautstärke ist entscheidend: Die meisten Menschen sprechen eher zu leise als zu laut, am besten hilft zunächst das präzise Feedback eines Bekannten. Je nachdem, ob Sie eine hohe oder tiefe, eine volltönende oder eher dünne Stimme haben, ist Lautstärke nämlich nicht unbedingt gleich Wahrnehmbarkeit und Verständlichkeit. Grundsätzlich gilt: Je abwechslungsreicher Sie sprechen, desto interessanter wirkt Ihr Vortrag und desto eher folgt das Publikum Ihnen ganz automatisch. Variieren Sie also im Sprechtempo, in der Lautstärke und auch im Tonfall – Sie werden verblüfft sein, welch starke Wirkung dies hat. Jenseits der reinen Lautproduktion stellt sich auch immer die Frage nach der Wortwahl und ganz besonders danach, wie frei diese ist. Das Ideal ist natürlich ein völlig frei sprechender Moderator, dem sich die perfekten Sätze spontan im Gehirn zusammenfügen und der weder etwas vergisst noch abschweift. Für die allermeisten Redner wird das immer eine Wunschvorstellung bleiben. Für sie gilt die Regel: So frei wie möglich, so vorbereitet und gestützt wie nötig. Am besten schreiben Sie sich Moderationskarten, und zwar ordentliche, anständig aussehende Karten. Es wirkt um einiges professioneller, wenn Sie einen Strauß gut wahrnehmbarer, optisch ansprechender (vielleicht Firmenlogo oder Eventsymbol auf die Rückseite gedruckt?) Karten in der Hand halten und diese unverfänglich und offen nutzen. Niemand geht davon aus, dass Sie alles völlig ohne Vorbereitung und Gedankenhilfen über die Bühne bringen, also wäre der Versuch, diese Erinnerungshilfen irgendwie zu verbergen, in erster Linie peinlich. Was gar nicht geht: Der zerknüllte, unordentliche Papierfetzen mit Mini-Notizen darauf. Es wird Ihnen nicht gelingen, diesen Zettel vor Ihrem Publikum zu verbergen, und es wirkt höchst dilettantisch. Wenn Sie dann diese schönen, großen Moderationskarten vor sich haben, verfallen Sie nicht der Versuchung, diese gründlich vollzuschreiben. Und zwar in zweierlei Hinsicht: Nicht zu viel Inhalt auf eine Karte, damit verlieren Sie nur die Übersicht und müssen zwischendurch suchen – peinliche Momente inklusive. Und ebenso keine vollständigen Sätze. Die lesen Sie dann nämlich einfach nur ab, was hölzern, künstlich und unsicher wirkt. Einen Text auf einem Zettel lesen kann Ihr Publikum auch allein. Stichworte sind völlig ausreichend, lediglich, wenn Sie bestimmte Phrasen oder Formulierungen unbedingt fehlerfrei abrufen können müssen, notieren Sie diese ganz. Und dann: Reden Sie, also würden Sie Ihrer Familie etwas erzählen. Rufen Sie sich ins Bewusstsein, dass dort Leute sitzen, die Ihnen zuhören, weil sie davon ausgehen, dass Sie etwas zu sagen haben. Zudem haben Sie den Wissensvorsprung, Sie halten das Heft in der Hand und wenn Sie sich keine ganz groben Schnitzer erlauben, wird Ihnen das Publikum folgen. Und schließlich der letzte Tipp: Arbeiten Sie mit Pausen! So setzen Sie Akzente, schaffen Struktur und holen sich die Aufmerksamkeit Ihres Publikums immer wieder aufs Neue zurück. Viele Redner – vor allem unerfahrene – werden bei Pausen nervös und neigen dazu, doch schnell wieder weiterzusprechen, um die womöglich peinliche Stille zu füllen. Das ist nicht nötig. Eine bewusst gesetzte Pause, die ruhig und bestimmt durchgehalten wird, wirkt nicht wie Ratlosigkeit oder Verlorenheit des Redners, sondern betont ganz im Gegenteil dessen Souveränität. Indem Sie sich Pausen erlauben und Ihr Publikum zwingen, die Pausen einzuhalten, beweisen Sie, dass Sie der Herr der Situation sind – und wecken ganz nebenbei Neugierde in der Zuhörerschaft.

All diese Grundsätze sind allgemeine Weisheiten der Rhetorik, die Flipchartpräsentation stellt natürlich noch einmal spezifische Herausforderungen an Sie als Redner. Denn schließlich stehen Sie nicht alleine da vorne, sondern teilen sich die Bühne mit diesem vielfältig einsetzbaren Gestell. Deswegen ist zunächst Ihre Position in Relation zur Flipchart entscheidend. Achten Sie zunächst darauf, die Flipchart nicht versehentlich zu verdecken. Das passiert leicht, wenn man sich im Raum umherbewegt und ist für kurze Momente auch kein Problem, allerdings sollten Sie den Platz bald wieder räumen. Wenn Sie gerade an der Flipchart tätig sind und etwa auf einzelne Stellen zeigen, positionieren Sie sich neben der Flipchart, gerade so nahe, dass Sie nichts verdecken. Wenn Sie Rechtshänder sind, stellen Sie sich links daneben, so können Sie immer wieder darauf deuten, ohne sich vom Publikum abwenden zu müssen. Wenn Sie das Papier beschriften, versuchen Sie, die Flipchart möglichst wenig zu verdecken, akzeptieren Sie aber, dass sich das nicht gänzlich vermeiden lässt. Manchmal können Sie ein, zwei kleine Punkte rasch von der Seite dazu kritzeln, aber für vernünftiges Schreiben und Zeichnen müssen Sie sich auch direkt davorstellen. Dann tun Sie das ruhig und bedacht und lassen Sie sich nicht dazu hinreißen, mit verschämten Verrenkungen linkisch von der Seite zu kritzeln. Ganz wichtig: Wenn Sie den unteren Teil der Flipchart beschriften, bücken Sie sich nicht! Wenn nötig, gehen Sie in die Hocke, das wirkt deutlich dynamischer und professioneller. Denn egal, aus welchem konkreten Grund: Es wirkt fürchterlich albern, dem Publikum den Hintern entgegenzustrecken. Ganz allgemein sollten Sie versuchen, das Verhältnis zwischen Ihnen in der Flipchart dynamisch zu halten. Nähern Sie sich an, entfernen Sie sich, stellen Sie mal die Flipchart in den Vordergrund, mal ganz bewusst sich selbst und halten Sie ein ständiges Wechselspiel aufrecht. Ach, und nicht zu vergessen: Stellen Sie die Flipchart so auf, dass jeder im Raum einen guten Blick darauf hat.

Kommen wir abschließend noch zu einem Punkt, der ein wenig aus dem Zusammenhang gefallen scheint: Ihr äußeres Erscheinungsbild. Bestimmte Dinge sind selbstverständlich – Sie erscheinen gepflegt, auf der Bluse ist kein Fleck, die Haare sind gewaschen etc. –, anderem sollte zumindest noch einmal kurz Aufmerksamkeit gewidmet werden. Die Frage der Outfit- bzw. Styleauswahl ist nämlich manchmal gar nicht so leicht. Sicher, Sie haben Ihren Stil und dem sollten Sie auch treu bleiben. Aber innerhalb dieses Stils haben Sie einiges an Variationsmöglichkeiten und hier gilt es, sich sinnvoll anzupassen. Also: Zur Abendveranstaltung der Chefetage kommen Sie nicht in Jeans, sondern kleiden sich entsprechend formeller, tragen also Anzug oder Kostüm. Manchmal kann es sogar geboten sein, sich nach dem Dresscode des Abends zu erkundigen, wenn sichergestellt werden soll, dass Sie sich harmonisch ins Bild einfügen. Wenn

Sie vor einer Abteilung Ihres eigenen Betriebes eine ganz nüchterne Präsentation über die Nutzung der neuen Buchhaltungssoftware halten, darf es vermutlich etwas lockerer sein. Allerdings sollten Sie auch stets den Anlass berücksichtigen: Sie sprechen über Suizidprävention? Bitte sorgen Sie dafür, dass auch Ihre Kleidung der Ernsthaftigkeit und Schwere des Anlasses Genüge tut. Und schließlich kommt es auch auf den Effekt an, den Sie erzielen möchten. Wenn Sie etwa vor Jugendlichen sprechen, können Sic vcrschiedene Absichten haben: Halten Sie einen Vortrag, der den jungen Menschen vor einem gewissen Thema die Angst nimmt und ihnen mit Ihnen einen verlässlichen Vertrauten bietet, dann kann es von Vorteil sein, nicht durch zu strenge Kleidung zusätzliche Distanziertheit zu schaffen. Wenn Sie hingegen das gleiche Publikum ein wenig auf die Ernsthaftigkeiten des Lebens und erforderliche Anpassungen einstimmen möchten, kann ein besonders formelles Outfit diese Wirkung unterstützen. Und manchmal kann ein regelrechter Bruch mit Konventionen Ihre Absichten schwungvoll unterstreichen, wenn bewusst ein Widerspruch zwischen Publikum und Präsentationsinhalt erzeugt werden soll. Wie auch immer Sie sich entscheiden, bleiben Sie sich selbst treu und verkleiden Sie sich nicht. Und eine goldene Regel zum Schluss: Tragen Sie niemals etwas Neues! Damit ist gemeint: Tragen Sie bei der Präsentation keine Kleidungsstücke, die Sie dann zum ersten Mal tragen. Der Grund ist ganz einfach: Sie sind die Kleidung nicht gewohnt und unterschwellig unsicher im Hinblick auf deren Wirkung und Verhalten. Das mag unbedeutend klingen, ist es aber nicht. Bei der schwarzen Bluse, die Ihnen nun schon seit einem Jahr gute Dienste tut, wissen Sie, das nichts verrutscht, dass die Abdrücke des BHs am Rücken nicht unschön abgebildet werden, der Bund Ihrer Hose nicht unvorteilhaft freigelegt wird etc. Und ohnehin sollten Sie nichts tragen, wovon Sie bereits wissen, dass Sie sich darin unwohl fühlen. Zahlreiche Präsentierende berichten von der verunsichernden Wirkung, die es hat, wenn man Kleidung trägt, in der man sich nicht wohlfühlt oder die man noch nicht kennt.

Alle Regeln hin und her, das Wichtigste ist am Ende nur eines: Bleiben Sie authentisch und Sie selbst, haben Sie Spaß bei der Sache und verlieren Sie nicht Ihren Humor. Auf diese Art retten Sie sich elegant aus jeder unvorhergesehenen Situation – mehr Souveränität geht nicht.

OH NEIN! – UND JETZT? STOLPERFALLEN KENNEN UND ZUVERLÄSSIG VERMEIDEN

Nun wissen Sie schon allerhand, was Sie tun sollen und können, um eine erfolgreiche Flipchartpräsentation abzuliefern. Auf der Gegenseite der Medaille gibt es jedoch eine Handvoll Dinge, die Sie unbedingt vermeiden sollten und die doch immer wieder auftauchen in den Geschäftsräumen, Vereinsheimen und Fabrikhallen des Landes. Um zu vermeiden, dass auch Sie in diese Fallen tappen, versorge ich Sie zum Abschluss des Kapitels mit einer Aufzählung der typischen Flipchart-No-Gos und gebe Ihnen Tipps, wie Sie diese Stolperfallen zuverlässig umgehen.

Fangen wir gleich mit dem Anfang an: Niemand will mehr einen solchen Präsentationsstart sehen:

Warum? Langweilig, einfallslos und bereits zu Beginn die Botschaft sendend: Hier wird alles so dröge und uninteressant wie Sie es leider gewohnt sind. Besser ist ein themenspezifischer Begrüßungs- oder Einleitungstext oder aber irgendetwas, das überraschend wirkt und neugierig macht, etwa eine witzige Zeichnung oder Grafik.

Fehler Nr. 2: Zu viel Text. Darüber wurde bereits detailliert gesprochen, es geht aber nicht nur darum, einzelne Seiten nicht vollzustopfen, sondern allgemein nicht zu viel Text niederzuschreiben. Vergessen Sie nicht, wozu die Flipchart da ist: Die wichtigsten Dinge kurz und prägnant festhalten.

Fehler Nr. 3: Nur ablesen, was auf der Flipchart steht. Lesen kann Ihr Publikum selbst, dafür ist es nicht gekommen. Außerdem verleitet das wiederum zu Fehler Nr. 2 und ist also auf jeden Fall zu vermeiden.

Fehler Nr. 4.: Dieser Fehler wird Ihnen ab und an ganz gegenteilig als Ratschlag präsentiert, die Erfahrung der meisten professionell Präsentierenden ist aber eindeutig: Keinesfalls alles in Großbuchstaben schreiben! Empfohlen wird dies manchmal für bessere Lesbarkeit und für Menschen, denen das eigene Schriftbild missfällt, tatsächlich ist das menschliche Auge jedoch so sehr an Groß- und Kleinschreibung gewöhnt, dass es all die Großbuchstaben eher als anstrengend und weniger eingängig empfindet. Außerdem: Eine Flipchart voller Großbuchstaben hat den Effekt, dass der Zuschauer sich visuell angeschrien fühlt. Denn zum einen sind wir gewohnt, Großbuchstaben für WICHTIGE HERVORHEBUNGEN mit dem Gefühl UNBEDINGTER DRINGLICHKEIT wahrzunehmen, zum anderen haben sich Großbuchstaben in Chats als die schriftliche Variante von Schreien etabliert – und die meisten Menschen nehmen es unwillkürlich so wahr.

Fehler Nr. 5: Zu lange Präsentationszeit. So viel Ehrlichkeit muss sein: Egal, wie gut und interessant, wie spannend und unterhaltsam Ihre Präsentation ist – niemand will eine Ewigkeit damit verbringen. Sprengen Sie keinesfalls den Zeitrahmen, denn nichts verzeiht einem das Publikum weniger als eine Veranstaltung, die länger dauert als angekündigt. Am besten ist es, wenn Ihre Zuhörer vorab wissen, mit welcher Dauer zu rechnen ist, entweder, weil die Veranstaltung recht spezifisch angekündigt wurde oder weil Sie zu Beginn einen kurzen Ausblick gegeben haben, was zu erwarten ist.

Fehler Nr. 6: Schlechte rhetorische Vorbereitung. Gehen Sie Ihre Rede vorab einige Male durch, Sie müssen sie nicht jedes Mal vollständig halten, aber ein kompletter Durchlauf sollte schon drin sein, zudem einige Durchsichten der Notizen und Charts. Wenn Sie vor Ihr Publikum treten, soll die ganze Präsentation als abgeschlossene Einheit detailliert in Ihrem Kopf verankert sein. Testen Sie sich, indem Sie beliebige Moderationskarten hervorziehen oder Seiten Ihrer Flipchart aufklappen und prüfen, ob Sie diese aus dem Stegreif einordnen können: Was kommt danach? Was kam davor? Was will ich zu diesem Punkt alles sagen?

Fehler Nr. 7: Ähm, also, natürlich, halt – wie bitte? Bei so mancher Präsentation besteht die Redezeit fast zur Hälfte aus Füllwörtern, eine Katastrophe für das Gesamtbild der Veranstaltung. Das Problem: Den meisten – in der Regel nervösen – Rednern fällt gar nicht auf, wie sehr sie sich durch ihren Vortrag stammeln, dem Publikum aber umso mehr. Und sicher wissen Sie ganz genau, wie es ist, wenn einem einmal aufgefallen ist, dass der Sprecher ständig „Tatsache" oder „halt" sagt: Irgendwann beginnen Sie ganz unwillkürlich, nur noch auf das nächste „Tatsache" zu warten – zack, da ist es wieder! Dadurch fällt es Ihren Zuhörern sehr schwer, sich auf den Inhalt zu konzentrieren, es ist anstrengend, nervig und störend und hat zudem den Effekt, dass man Sie als nervös, unsicher und überfordert wahrnimmt, ganz egal, wie hervorragend Ihre Präsentation inhaltlich ist. Hier helfen leider nur Übung, strikte Selbstkontrolle und die Fähigkeit zur Selbstkritik. Bitten Sie vertraute Personen um Rückmeldung, ob ihnen in Ihrer Sprechweise Derartiges auffällt. Dann beobachten Sie sich aufmerksam und zwingen sich, durch langsames, bedachtes Sprechen diese unbemerkten Füllwörter in den Griff zu kriegen. Die beste Gegenmaßnahme ist auch hier wieder gute Vorbereitung – und die daraus resultierende Sicherheit. Wer sich sicher fühlt, „ähmt" gleich ganz von selbst viel weniger.

Fehler Nr. 8: Dem Publikum den Rücken zudrehen. Passiert gerade bei Flipchartpräsentationen immer wieder, weil man schließlich die Blätter beschriftet und sich dazu abwenden muss. Achten Sie jedoch darauf, in dieser Position nie zu lange zu verharren.

Fehler Nr. 9: Spontanität verlieren. Sicher, Ihre Präsentation ist vorbereitet und wird sich anhand dieses „Fahrplans“ entfalten, aber trotzdem können sich Situationen, Beiträge, Zwischenrufe, Fragen oder gar Zwischenfälle ergeben, mit denen Sie so gar nicht gerechnet haben. Wenn jemand „Schwachsinn!“ dazwischenruft oder ein Zuhörer über seinen Gehstock stolpert, wirkt es unsicher und merkwürdig, wenn Sie den Vorfall ignorieren und starr bei Ihrem Protokoll bleiben, um sich nur ja nicht aus dem Konzept bringen zu lassen.

Und schließlich Fehler Nr. 10: Ein schlechtes Ende. Vielleicht sind Sie froh, es endlich hinter sich gebracht zu haben und wollen nur noch, dass alles vorbei ist. Vielleicht denken Sie auch, „Nun haben die Leute bereits meine ganze Präsentation miterlebt, ob sie gelungen ist oder nicht, ist doch längst entschieden, auf das Ende kommt es nun nicht mehr an.“ Das ist allerdings eine Fehlannahme. Sicher, eine miese Präsentation retten Sie nicht mit einem tollen Schluss, aber das Ende hat doch großen Einfluss darauf, ob all das Gesagte gleich wieder vergessen wird oder noch ein wenig nachhallt im Kopf – und bestimmt stark, wie das Publikum Sie als Redner in Erinnerung behält. Vermeiden Sie also ein Ende, das einfach nur irgendwann „vorbei“ ist und auf jeden Fall die Situation, verlegen sagen zu müssen, „Ok, also das wars jetzt.“ Und sparen Sie sich bitte auch Floskeln wie, „Vielen Dank für Ihre Aufmerksamkeit.“ – dann können Sie eigentlich auch gleich sagen, „Ich weiß, dass mein Gerede eigentlich eine Zumutung war, danke, dass Sie es trotzdem über sich haben ergehen lassen.“ Fassen Sie lieber die wichtigsten Punkte noch einmal zusammen und überlegen Sie sich einen witzigen, lockeren Schluss. Somit bestimmen Sie das Bild, das Ihr Publikum mit nach Hause nimmt.

Ihr Fahrplan zur perfekten Präsentation

Herzlichen Glückwunsch, mittlerweile sind Sie Flipchartexperte! Sie wissen nun genau, worauf es in welcher Hinsicht ankommt, und können anwenden und umsetzen, was es für eine gelungene Veranstaltung braucht. Ganz zum Schluss stelle ich Ihnen hier nun noch eine Art Fahrplan zur Verfügung, der keine neuen Inhalte mehr bereithält, aber als nützliche Vorlage für die Planung jeder beliebigen Präsentation zurate gezogen werden kann. Drucken Sie sich diesen Plan aus, arbeiten Sie die einzelnen Schritte ab und schon kann nichts mehr schiefgehen!

Teil 1: Organisatorische Vorbereitung

Klären Sie folgende Fragen aus unterschiedlichen Kategorien, die Ihnen dabei helfen, die grobe Richtung Ihres Vortrags einzuschätzen.

<u>Publikum</u>

- Wer ist mein Publikum? Alter? Geschlecht? Bestimmte Personengruppe, also etwa Rentner, Erzieherinnern, Depressionskranke, Mitarbeiter der Verwaltung etc.?
- Wie viele Menschen werden im Publikum sitzen?

- Habe ich es mit Fachpublikum oder Laien zu tun? Ist Vorwissen zu erwarten und wenn ja, in welchem Ausmaß?
- Gibt es Besonderheiten innerhalb des Publikums, auf die ich Rücksicht nehmen sollte? Gesundheitliche Aspekte, ein gemeinsamer, womöglich ernster Erfahrungshintergrund, bestimmte vorherrschende Meinungen oder Konflikte?

Veranstaltungsrahmen

- In welchem Kontext steht meine Präsentation? Ist sie Teil einer Veranstaltungsreihe, haben die Zuhörer an dem Tag oder am Tag zuvor schon andere Präsentationen gehört oder ist „frisches" Publikum zu erwarten?
- Wer genau ist der Veranstalter bzw. Initiator meiner Präsentation und welche Absichten und Ziele verfolgt er?
- Was ist der Anlass für meine Präsentation? Gibt es konkrete Ziele, bestimmte Vorfälle, handelt es sich um ein freiwilliges Angebot, ist die Teilnahme verpflichtend?
- Wer ist mein Ansprechpartner?

Örtlichkeit

- Wo präsentiere ich?
- Wie ist der Raum, in dem ich präsentiere, beschaffen? Größe, Bestuhlung, Abstand zur Bühne bzw. zu Redner und Flipchart, Tageslicht, eventuell akustische Schwierigkeiten wie starker Hall oder hohe Decken?
- Was steht an Materialien und Infrastruktur bereit? Gibt es Flipchart und Materialien, habe ich, falls nötig, Stromanschluss?

Details der Veranstaltung

- In welchem Umfang soll sich meine Präsentation bewegen?
- Mit welcher Zielsetzung soll ich präsentieren?
- Gibt es Inhalte, die unbedingt berücksichtigt werden sollten, ist dem Veranstalter etwas Spezifisches besonders wichtig?

Teil 2: Inhaltliche Vorbereitung

Mit der Einbeziehung dieser Informationen haben Sie den Rahmen Ihrer weiteren Ausarbeitung abgesteckt, als Nächstes machen Sie sich nun an die konkrete Gestaltung Ihrer Präsentation. Auch hier hilft das Abarbeiten einer Fragenliste.

<u>Brainstorming und Themenerschließung</u>

- Was soll das genaue Thema meiner Präsentation werden?
- Welche Fragen, Inhalte und Subthemen möchte ich behandeln?
- Wie möchte ich die unterschiedlichen Teile gewichten?
- Erstellen einer groben Gliederung

<u>Stil und Richtung der Präsentation</u>

- Welches Ziel habe ich und welche Methoden wähle ich dafür? Stichworte: Informieren, aktivieren, überzeugen, einbinden, beruhigen etc.
- Welcher Stil sollte in der Präsentation vorherrschen? Locker, ernsthaft, ergebnisoffen, streng vorgegeben, seriös, unterhaltsam?
- Soll das Publikum aktiv eingebunden werden oder lediglich Empfänger der Informationen sein?

<u>Inhaltliche Ausarbeitung</u>

- Zusammentragen aller Inhalte, die präsentiert werden sollen
- Verfüge ich bereits über alle Informationen? Falls nötig, gründliche Recherche betreiben und ins Thema einlesen.
- Für jeden Inhalt die passende Methode wählen: Tabellen, Grafiken, Stichpunktlisten, Sketchnotes, Zeichnungen.
- Entwerfen der einzelnen Charts auf DIN-A-4-Papier und Erstellen der gesamten Präsentation
- Moderationskarten schreiben
- einzelne Charts vorbereiten, falls nötig

Teil 3: Persönliche Vorbereitung

Die Präsentation steht, nun geht es um Sie als Hauptperson. Einige der Punkte haben mit Flipcharts an sich nichts zu tun, sind aber entscheidend für jeden gelungenen Auftritt vor Publikum.

<u>Einübung des Vortrags</u>

- Mehrere Durchgänge der Präsentation absolvieren, mindestens einen Komplettdurchlauf mit vollständiger Rede
- Prüfung: Bin ich vertraut und sicher mit Ablauf und Struktur? Einzelne Charts bzw. Moderationskarten ziehen und kontextualisieren.
- Checkliste anlegen: Worauf muss ich persönlich achten, was sind meine Fehlerrisiken? Zu schnelles, Sprechen, unsicherer Stand, Füllwörter, Blickkontakt vermeiden? Einzelne Präsentationssegmente mit Fokus auf diese Punkte üben.

<u>Vorbereitung im Hinblick auf die eigene Person</u>

- Wann findet meine Präsentation statt, wann möchte ich vor Ort sein, wie komme ich hin und wann fahre ich los, um keinesfalls in Stress oder Zeitdruck zu geraten?
- Wie stelle ich sicher, ausgeruht und konzentriert zu sein? Am Abend zuvor früher ins Bett oder mittags eine Ruhepause einplanen?
- Outfit planen: Was ist dem Anlass angemessen, entspricht den Temperaturen und worin fühle ich mich wohl?
- Wie aufwendig und auf welche Weise möchte ich mich stylen, frisieren, evtl. schminken? Accessoires?
- Ist meine Kleidung gewaschen und gebügelt?
- Habe ich alles Benötigte eingepackt?

Für den letzten Punkt noch eine gesonderte Checkliste, die Sie abhaken bzw. durchstreichen und natürlich nach Belieben ergänzen können.

Packliste für die Präsentation

Flipchart

Ausreichend Papier

Mindesten 3 volle schwarze Stifte

Mindesten 3 volle Farbstifte

Moderationskarten

Vorbereitete Unterlagen, z. B. Handouts, Chartvorlagen, Moderationskarten für Teilnehmer, ausgedruckte Fotos etc.

Moderationskoffer (falls vorhanden)

Pinnwandnadeln

Klebestift

Klebeband

Eine Flasche Wasser

Benötigte technische Geräte, etwa Handy, Laptop + entsprechende Anschlusskabel

Vom schlichten Vortrag zur Performance

Gratulation, für Ihre nächste Präsentation sind Sie nun gewappnet! Sie wissen, worauf es wirklich ankommt, wenn Sie mit Flipchart vor Publikum stehen, Sie haben die besten Tricks und die erfolgreichsten Kniffe kennengelernt, Spaß am Zeichnen gefunden und können nun Ihren ganz eigenen Stil entwickeln. Einiges war Ihnen vielleicht bereits bekannt, anderes völlig neu und für Ihre künftigen Präsentationen sollten Sie vor allem eines mitnehmen: Hören Sie niemals auf, sich selbst zu evaluieren und zu verbessern! Mit jeder Präsentation werden Selbstsicherheit und Routiniertheit zunehmen, was bedeutet, dass Sie sich an immer mehr und ausgefallenere Ideen heranwagen können. Betrachten Sie Ihre Präsentationsarbeit als eine lange, spannende und interessante Entwicklung, in der Sie mehr und mehr ausprobieren, erfinden und wagen können. Entwickeln Sie neue Zeichnungen, experimentieren Sie mit Schriftbildern und Interaktionsformen und Sie werden merken, dass jede Präsentation nur noch gelungener sein wird, als es die vorige war. Vor allem aber: Haben Sie Spaß an dieser Arbeit! Nichts wirkt so mitreißend, begeisternd und überzeugend wie ein Referent, dem man die Freude an dem, was er tut, ansehen kann. Lernen Sie, die Bühne, auf der Sie stehen, zu genießen, spielen Sie mit der Aufmerksamkeit und nutzen Sie die Chance, die Dinge zu vermitteln, die Ihnen am Herzen liegen. Und wenn einmal etwas nicht klappt – lachen Sie das Malheur weg! Sympathie und Souveränität werden dadurch nur steigen und am Ende bieten Sie, was Sie immer bieten wollten: Präsentationen, die dem Publikum noch lange in Erinnerung bleiben – inklusive eines Präsentierenden, der ebenfalls nicht so schnell vergessen wird.